TURING 图灵新知

强力与弱力：破解宇宙深层的隐匿魔法

Strong Interaction and Weak Interaction

(日) 大栗博司 著

Hirosi Ooguri

逸宁 译

人民邮电出版社
北京

图书在版编目（CIP）数据

强力与弱力：破解宇宙深层的隐匿魔法 /（日）大栗博司著；逸宁译. -- 北京：人民邮电出版社，2016.5

（图灵新知）

ISBN 978-7-115-42112-8

Ⅰ. ①强… Ⅱ. ①大… ②逸… Ⅲ. ①物理学—普及读物 Ⅳ. ①O4-49

中国版本图书馆CIP数据核字（2016）第070586号

内 容 提 要

强力、弱力、电磁力、引力，源于宇宙之初的四种基本作用力构成并支配了我们世界。这四种力究竟如何形成并发挥作用？万物存在的“质量”又源于何处？

本书以通俗易懂的语言解读了强力与弱力以及基本粒子的互相作用机制，用推理小说的线索追踪与解谜方式介绍了微观层面下的奇妙世界以及自然的基本结构，能够让你以全新的视角面对和反思宇宙、自然以及万物的存在。

◆ 著　　　　（日）大栗博司
译　　　　逸　宁
责任编辑　武晓宇
装帧设计　broussaille私制
责任印制　彭志环

◆ 人民邮电出版社出版发行　　北京市丰台区成寿寺路11号
邮编　100164　　电子邮件　315@ptpress.com.cn
网址　https://www.ptpress.com.cn
北京虎彩文化传播有限公司印刷

◆ 开本：787×1092　1/32
印张：9.25　　　　2016年5月第1版
字数：160千字　　　2025年2月北京第24次印刷

著作权合同登记号　图字：01-2015-4864号

定价：39.00元

读者服务热线：(010)84084456-6009　印装质量热线：(010)81055316

反盗版热线：(010)81055315

版权声明

前　言

1. 2012之夏——基本粒子物理学中历史性的瞬间

2012年的夏天，我在美国科罗拉多州的阿斯彭物理研究中心从事研究工作。每年夏季，来自世界各地的物理学家都会到访该研究中心，并开展热烈的讨论。7月4日深夜，近30名物理学家齐聚研究中心的会议室，共同观看了通过网络向全世界直播的瑞士日内瓦CERN（欧洲核子研究组织）研讨会。研讨会开始于日内瓦时间的上午9时。虽然正值科罗拉多的凌晨1时，但是我们依然通过实况直播来亲历这一历史性的瞬间。

我们所等待的是叫作希格斯玻色子这一基本粒子的发现。如果能够发现它，被称为“标准模型”的基本粒子领域的基本理论就大功告成了。

基本粒子物理学的研究目的是阐明构成世界的“原材料”为何

物，以及其中存在何种力的作用，并揭示关于宇宙的深层秘密。标准模型就是很多研究者为了实现上述目标，经过多年努力，绞尽脑汁构筑出来的理论。该理论中唯一未被发现的基本粒子就是希格斯玻色子。CERN 建造 LHC（大型强子对撞机）这个巨型实验装置的目的之一就是为了发现这种粒子。

不过，在研讨会开始之前，对于当天是否真的能够见证那一历史性的瞬间，我是半信半疑的。

利用加速器发现新粒子的探索实验对统计精度要求极高。必须通过收集大量的数据，将误差引起的错误概率降低至 $1/1.74\times10^{-6}$ 以下，否则就不能称之为正式的发现（稍后会介绍这个概率的意思）。在上一年的年底，也就是 2011 年 12 月公布实验经过的时候也出现了新粒子的征兆。但是，当时由于数据不足，统计涨落的可能性仅为 1/5000 的程度，因此无法称之为发现。

仅仅过了半年，CERN 便在 7 月 4 日召开了研讨会。为了提高统计精度必须反复实验并收集大量数据，因此大部分专家认为还没有达到公布发现的阶段。例如，早在两周前 CERN 召开的科学政策委员会上，据说出席会议的 Kavli IPMU（卡弗里数学物理联合宇宙研究机构）所长村山齐就提出了自己心中的疑问：“如果没有发现希格斯玻色子，该如何公布实验结果呢?”

不过，研讨会开始后，在公布最新数据的那一瞬间，深夜的会议室里便爆发出了震耳欲聋的欢呼声。CERN 正式宣布发现了质量约为氢原子 134 倍的新粒子。有人预先准备了香槟和蛋糕，于是会议室变成了深夜派对的天堂，我们就这样狂欢到了天亮。

无论如何，人类发现了新粒子，虽然确认它是否为希格斯玻色子还需要继续研究，但是面对基本粒子物理学历史性瞬间时的那种深深的感动，我仍铭记于心。

2.“人类，真了不起!”

我之所以会为之感动和惊讶，是因为以下两个理由。

其一，是支撑这个实验的卓越技术力量。

LHC 的工作机制是在周长 7 千米的无人隧道中，将质子加速到光速的 99.999999%，再利用冷却到接近绝对温度 1 开尔文（−273.15 摄氏度）的超导电磁铁控制向左、向右旋转的两组质子的运动，使其发生正面撞击。这是全世界最大的实验装置，加速之后的质子动能可以匹敌时速为 150 千米的法国高铁 TGV 疾驰时的能量。

在这个设备开始运转的前一年（2007 年）夏天，我曾参观过 LHC 的设备。乘坐电梯来到地下 100 米的地方，矗立在那里的直径为 25 米的巨型粒子探测器便映入眼帘。探测器的重量与埃菲尔铁塔差不多。但是，这台精密机器并非只是单纯地体型巨大，它的内部集成了一系列精密仪器，可以快速精确地捕捉到 1 秒内发生 10 亿次质子对撞所产生的大量粒子，并记录下它们的种类和性质，以便从中发现新粒子。为了探究自然界最深层的秘密，几千名科学家和技术人员经过 20 年的努力最终研制出了这种探测器。站在它的面前，我回想起了第一次看到巴黎圣母院大教堂时的感动。

2008 年 9 月 LHC 刚启动没多久便发生了重大事故，继续实验将十分危险。不过，2009 年 10 月重新启动后，所有的机器都运行得非常完美，远远超出了设计的基准。这个实验装置让我们第一次踏入了此前人类从未涉足过的 $1/10^{16}$ 米的世界。

不过，检测希格斯玻色子并不是一件容易的工作。考虑到设备性能的局限性，仅收集数据的工作就要等到 2012 年年底。之后还要进行数据分析，因此公布希格斯玻色子的发现最早也要到 2013 年的春天。所以这次研讨会提前了半年多的时间召开，让我们深感诧异。

图 0-1　LHC 的 ALTAS 探测器。与站在中央空洞部位的人比较，就能感受其规模之宏大。其周围的 8 根管道是超导电磁铁。空洞内部装有测定质子对撞过程所产生的粒子能量的设备，空洞部位即是装配该设备的地方。我 2007 年参观这里的时候，空洞部分已经装配了满满的精密设备

7 月 4 日召开研讨会的计划是两周前确定下来的。据 CERN 的主任罗尔夫·霍耶尔介绍，在那个阶段，包括他自己在内，谁也不能准确地知道实验结果。为了确保数据解析的公正性，他们必须排除自身的预判。仅在几天前，才确认可以宣布新粒子的发现了。

对于用奉献式的努力，以远远超过预期的速度推进实验完成的一线研究者与技术人员，我仅能行个脱帽礼来表达真诚的敬意。

让我感动的另外一个理由是，希格斯玻色子的发现既是技术上的胜利，也是数学力量的胜利。

这种粒子是为了用数学解释基本粒子的世界，由理论物理学家通过铅笔和纸思考出来的。他们认为“如果存在这种粒子，理论上就符合逻辑了”，所以该粒子是在纯理论下预言的，谁也不知道它是否真实存在。为了探究自然界的深渊，研究者们汇集了20世纪数学和物理学领域的成果，但那些东西毕竟都是人类通过大脑想出来的，并无法保证自然就真的符合人类所想。在我大学时期阅读的基本粒子物理学的教科书中也出现过这样的描述：“在标准模型中，可以说有希格斯玻色子参与的部分是最不确定的。”

不过本次发现告诉我们，自然界采纳了这一理论。自然界的基本结构正如人类所想。

人类，真了不起！

听到CERN的报告后，我在心中如此感叹道。人类利用高科技的实验装置验证了研究者们靠铅笔和纸在理论上预言的东西。这样想来，我们人类的智慧真是充满了鲜活的生命力。

3. 作用于自然界的四种力

言归正传，使用铅笔和纸（或者粉笔和黑板，有时也会用饭店的纸巾等代替纸）进行思考的理论物理学家是如何预言出存在希格斯玻色子的呢?

因发现希格斯玻色子而能够得以确立的标准模型理论，是解释基本粒子的理论。所谓基本粒子就是指物质无法继续分割的最小单位。也就是说，标准模型是在根源层次上解释自然界结构的理论。众多物理学家经过半个多世纪的努力，在缜密分析组合各种观点的过程中构筑了该理论。

虽然把基本粒子的理论称为“标准模型”的说法有些令人不可思议，但是它的名称确实阐明了该理论的全貌，关于这点我会在最后一章中介绍。

标准模型统领的微观世界中，主角是作用于物质间的三种“力”。整个自然界便是由这三种力再加上引力共四种力来维持运行的。在这四种力中，引力可能是我们最熟悉的。另外，对于理解宇宙而言，引力也是至关重要的线索。我的上一本书《引力是什么：支配宇宙万物的神秘之力》（人民邮电出版社，2015 年 11 月），讲解了关于引力的最新研究情况。

但是，基本粒子的标准模型中是不包含引力的，因为涉及标准模型的现象基本不会受到引力的影响，例如 LHC 的实验。在基本粒子的世界中，主角是电磁力、强力和弱力这三种力。

我们也能在日常生活中感受到上述三种力中的电磁力。在人们的认知里，它原本分为电力和磁力。19 世纪的物理学家将这两种力统称为电磁力，从此人们便将它们作为一种力来理解了。无论是干燥冬日里的静电，还是磁铁相互吸引的现象，都是源于电磁力的。原子聚拢构成分子，分子聚拢构成物质，我们日常生活中所接触的各种物质都是因电磁力而形成的。桌子很坚硬，椅子可供人坐，这都是因为电磁力将桌子和椅子中的分子聚拢在了一起。如果没有电磁力，就连我们的身体也会变得四分五裂。

那么，剩余的两种力又在何处发挥着怎样的作用呢？

“强力”与“弱力”的名字本来就不像专业术语，所以可能会有人认为它们不是作用于微观世界的特殊的力。例如，人们当中既有臂力超群的强者，也有耐力很差的弱者……所以说，任何力都有强弱可言。

但是，“强力”与“弱力”并不是如此含义模糊的词语。虽然它们因一个比电磁力强、一个比电磁力弱而粗糙地被命名，但是任何一方都是作用于微观世界中的力，都是伟大物理学的术语。英语中也分别称之为“strong force”与“weak force”，“强力”与“弱力”的名称就是直译过来的。

这两种力是本书的中心内容。为了理解新发现的希格斯玻色子的意义，我们有必要了解这两种力。希格斯玻色子原本是科学家在努力研究强力和弱力作用机制的过程中预言会存在的粒子。我认为通过理解这两种力，可以透彻地理解标准模型，也能够体会发现希格斯玻色子的意义。

4. 射线和地震都涉及“弱力”

当媒体报道发现希格斯玻色子的新闻时，可能会有很多人认为“这件事与自己的生活没有任何关系”。但是，与希格斯玻色子有关的弱力虽然不像引力和电磁力那样能被我们感知，但并非与我们的生活没有关系。相反，它给我们带来了巨大的影响。

2011年3月11日发生的东日本大地震引发了福岛第一核电站的核事故，放射性物质带来了波及范围广且影响严重的污染。而且释放出的放射性铯大概相当于广岛原子弹爆炸的168倍。其中产生射线的原因就是弱力。

特别是铯137的原子核，是由55个质子和82个中子组成的。在原子核中，质子与中子的数量平衡是相当重要的，我会在后面介绍这一点。由于铯137的中子比质子多很多，所以它很不稳定。因此在弱力的作用下，中子会变身为质子，使原子核转为稳定。

你或许认为，力的作用能够改变粒子类型是件很奇妙的事情。

我们在学校的理科课上所学的“力”是使物体运动状态发生变化的东西。日本文部科学省的中学学习指导大纲中这样写道：“只要有力作用于物体，我们就会发现该物体发生变形或开始运动，抑或运动状态发生改变。”但是，力的作用不仅仅能够改变物体的形状和运动状态。

例如，当我们说“语言的力量”和“艺术的力量”的时候，没人会想到它们能改变物体的运动状态吧？这些力改变的是理解它们的对象的思维和心智。另外，最近的经管书籍和自我启发类书籍的书名出现了《拒绝力》《倾听力》《烦恼力》等各种各样的“力”，这些力改变的也不是物体的运动状态。我想它们主要是指自己和对方的心理状态。阅读了那么多改变人心理状态的“力”型书籍，对于弱力把中子变成质子一事，从感性上应该也不会感到过分意外了吧。

中子是显电中性的（也正因此被称为“中子”），而质子带正电。中子变身成质子之后，原子整体电荷的“账面”就对不上了。因此，在中子变为质子的同时，会产生带负电的电子，这样才能保证质子的电荷能够与电子的电荷正负相互抵消。这些由中子转变而产生的电子会以非常高的能量从原子核中释放出去。这样，中子释放出电子变成质子后，铯就会变成钡。在如此形成的钡的原子核中，因为中子是突然变为质子的，所以尚处于不稳定的状态，于是就会通过电磁波释放掉多余的能量，以最终进入稳定的状态。

19 世纪末，人类发现了不稳定的原子核会释放电子和电磁波的现象。当时由于不了解其中的真正原因，就把释放出的电子命名为 β 射线，把释放出的电磁波命名为 γ 射线。对于原子核释放出的射线，现在我们仍然保留这种叫法。

不稳定的铯在弱力的作用下释放出 β 射线和 γ 射线，变成了稳定的钡。β 射线和 γ 射线对人体是有害的，自日本核电站事故以来，想必很多人对此都有了一些认识吧。

我们的细胞中含有叫作DNA的分子，它携带着生命的重要信息。从铯释放出的电子（β射线）所具有的动能相当于DNA中原子结合能量的10万倍。电磁波（γ射线）的能量也是同样巨大。拥有如此高能量的电子和电磁波一旦进入我们的体内并穿过DNA，就会切断原子间的相互结合。

DNA的结构被称为双螺旋，是像链锁一样相连的原子分为两列，呈相互缠绕延伸的螺旋状。这两列原子携带着相同的信息，即使其中一列受到损伤，也可以使用另外一列的信息实现修复。因此，铯释放出的电子和电磁波即使切断了双螺旋的其中一列，人体一般也能够完成自我修复。但是，如果不幸两列的同一地方都被切断，那就无法进行修复了。带有错误信息的DNA会导致人体产生大量的恶性细胞，从而诱发癌变。

铯137的麻烦之处并非仅此而已。它的半衰期长达30年，会带来严重的污染。假设有100个铯原子，它们不会一下子都变为钡。即使过了30年也还会残留50个，它们会继续释放射线，所以避难的人们几乎无法再次回到遭受污染的地区。

那么，为什么铯137的半衰期如此之长呢？

半衰期的长短取决于中子变为质子的速度，也就是由弱力的大小来决定。之所以放射性原子的半衰期长，是因为其弱力“弱”。如果弱力再强一点的话，铯的中子变成质子的速度就会加快，从而缩短半衰期。假设铯的弱力变成现在的4倍，那么它的半衰期将缩短至不到两年。如果放射性物质能够在一年多的时间内减少到一半，那么污染的影响也应该不会长期存在了。

但遗憾的是，我们无法随意调整弱力的大小。而且，如果半衰期变为不到两年，弱力就会变得很大，事故发生后就会随即释放出强度为原来16倍的射线。这种情况也可能会在短时间内产生更大的危害。

弱力的影响不仅仅体现在放射性物质产生的污染上。核电站事故的直接原因是宫城县牡鹿半岛海域发生的大地震，而地震的发生机制也与弱力有关。

地球中心的温度极高，炙烤着叫作地幔的一层结构，并使其发生缓慢对流。地幔上方的地壳会因此而发生形变，当能量通过岩石圈的错位断裂释放出来时就会发生地震。那么，地球的中心为什么具有如此高的温度呢？2005年，KamLAND实验团队在日本岐阜县神冈町1000米深的神冈矿井下，成功地直接观测到了来自地球中心的中微子（伴随原子核反应释放出的基本粒子）。并且发现了地球一半的地热（相当于2×10^7兆瓦）是在弱力引发的原子核反应过程中产生的（剩余的一半则是地球诞生时遗留的能量)。

因此，地震的一半能量来源于弱力。

5.“弱力”让太阳可以缓慢燃烧

也许有人听到弱力是辐射的原因和地震的能量来源之后，会觉得“如果没有这种麻烦的力就好了”。但是弱力并不是一味地带给我们麻烦。其实包括我们人类在内的所有生命可以存在于地球上，也多亏了弱力，因为弱力在生命之源——太阳燃烧的过程中，也发挥了重要的作用。

我先简单介绍一下太阳燃烧的机制。核电站发电利用的是铀等原子核在核裂变过程中释放出的能量，而太阳的能量则是在核聚变反应中产生的。质子聚集到一起，转变为氦原子核的时候，会产生核聚变能量，这种能量会以光的形式照射到地球上。因为太阳的73%是由自由游走的质子组成的，所以发生核聚变的原材料非常充足。但是，仅仅将质子聚在一起并不能让它们转变为氦原子。太阳之中发生的核聚变要经历以下两个步骤。

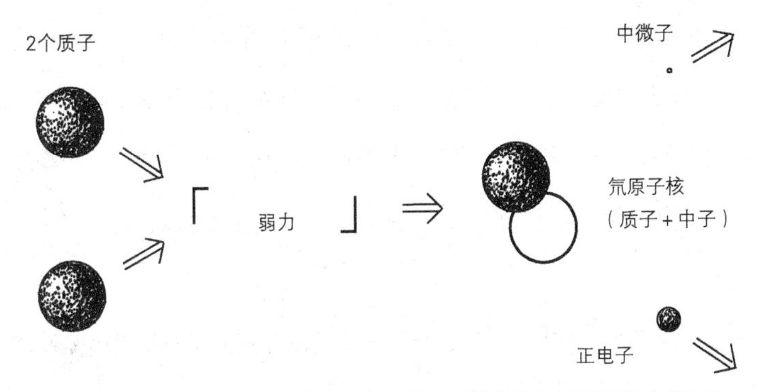

图 0–2　太阳中的两个质子会在弱力的作用下转变为氘的原子核（第三章和第四章将会介绍该过程中同时产生的正电子和中微子）

首先，当两个质子靠近时，其中一个会偶尔在弱力的作用下转变为中子，于是质子和中子结合就能创造出氘的原子核（图 0–2）。这就是最初的一步，也是最棘手的难关。因为质子是带电的，所以质子之间会在电荷排斥力的阻碍下无法结合。当两个质子相互接近时，如果没有弱力在恰当时机发挥作用，让一个质子变成不带电的中子，那么是无法形成氘的。但是，弱力本身较“弱”，所以这种反应不会轻易发生。实际上，太阳中的一个质子与其他质子相遇变成氘原子核的事件可能 10 亿年才发生一次。

一旦创造出氘的原子核，那接下来形成氦原子核（2 个质子 +2 个中子）就没那么困难了。这是第二个步骤。

也就是说，太阳的燃烧速度取决于在第一阶段引起反应的弱力的大小。正因为这样，太阳才获得了很长的寿命。我们预测太阳诞生于50亿年前，今后还能继续燃烧50亿年，核聚变反应不会一下子释放出巨大的能量，而是一点点地缓慢进行。这都是因为弱力较“弱”的缘故。

在撰写本节内容的时候，我咨询了美国加州理工学院的天体物理学家和日本国家天文台的天文学家。通过咨询得知，如果弱力比现在的大10%的话，太阳的寿命就会因此缩短20%。再大一点的话，在40亿年前地球上的生物进化成人类之前，太阳就应该已经燃烧殆尽了。今后50亿年我们之所以不用担心太阳的能量，也是因为弱力会保持着目前的大小而不会改变。

通过以上几点介绍，你应该了解到了弱力给我们的生活带来了很大的影响。另外，弱力的大小与希格斯玻色子密切相关。

6. 减少希格斯玻色子的数量，可以减肥吗?

弱力为什么如此之弱，这是基本粒子理论中的一大难题。另外，弱力也还有其他各种令人不可思议的性质。历史性的希格斯玻色子大发现，便是人们为了解释弱力的这些奇妙性质所构想出来的东西。

2012 年 7 月希格斯玻色子被发现以后，能够看到很多媒体将其报道为“万物的质量之源”。因此，可能不少人觉得我此前的解释与印象之中有出入。也许有人会说：“自己的体重也是希格斯玻色子赋予的，所以即使您不举核电站事故及太阳的例子，我们也能切身感受到它对生活影响。”

但是，其实我们身边的物质，仅有 1% 其质量与希格斯玻色子有关。至于其余 99% 是什么情况，我会慢慢做出解释。

也有人听说希格斯玻色子是质量之源后，便开玩笑说：“那只要减少希格斯玻色子的数量就能减肥了。”遗憾的是，这个玩笑的说法并不成立。即便是清除了希格斯玻色子，体重也只能减轻 1%。对于体重为 70 千克的人而言，减轻 700 克是没什么效果吧。

当然，与希格斯玻色子相关的 1% 体重是非常重要的。如果没有希格斯玻色子，电子的质量就会变成零，那么原子也就不存在了。原子的半径（电子围绕原子核旋转的轨道大小）与电子的质量成反比，电子越轻，原子半径就越大。如果电子质量为零，那么原子半径将变成无穷大。在这种情况下，我们的世界也将是完全不同的另一种景象了。

不过，理论物理学家设想出希格斯玻色子是另有其他目的的，关于质量 1% 的解释只是其副产品。

7. “三兄弟”为何性格迥异

在前述三种力中，电磁力的机制在 19 世纪后半期由詹姆斯·克拉克·麦克斯韦阐明。强力和弱力的机制则在 20 世纪 60 年代到 70 年代阐明。经过几代人的努力，汇集众多物理学家的智慧，最终完成了可以解释全部这三种力的理论，其成果的概括便是基本粒子的标准模型。

基本粒子理论也有解释“世界是由什么构成的”的意思，我想不少人都是这么理解的。但是，标准模型也是关于三种力的理论。而且，设想出希格斯玻色子的科学家们最初的目的就是揭示这三种力的作用机制。

本书稍后也会介绍到，在标准模型中电磁力、强力、弱力的作用机制都是一样的。可以说，这三种力就像“三兄弟”一样。实际上，研究者一般认为在宇宙诞生的大爆炸时期，这三种力具有相同的性质。

但是，在当前的世界中，电磁力、强力、弱力并不是同一种力。它们的强度也完全不同。虽然大爆炸时期具有相同的性质，但是随着宇宙的进化，它们的性质也出现了差异。目前的研究普遍认为力在宇宙诞生的时候就已经存在，不过其作用方式与现在存在差异。可以说，出生时候完全没有区别的三兄弟随着发育成长，性格也变得迥异了。这三种力为何会出现性质上的不同？为了解开这个问题，科学家们设想出了希格斯玻色子。

8. 未带地图的旅人创造出的理论

接下来本书将主要以强力和弱力为中心，介绍基本粒子的标准模型是如何构筑的，以及希格斯玻色子在其中发挥了怎样的作用。

汤川秀树因阐明了原子核中质子和中子的结合机制，成为了首位获得诺贝尔奖的日本人，他在自传《旅人》中这样写道：

探索未知世界的人们是未带地图的旅行者。

基本粒子的标准模型正是未带地图的众多科学家，经过屡次的迷路和跌倒，通过不断反复试错建立起来的理论。在该领域做出贡献的诺贝尔奖得主仅在本书中出现的就多达40余名。由此可知，该理论确实是人类智慧的结晶。CERN巨大的实验装置则验证了该理论。当我听到发现希格斯玻色子的宣言后，震惊和感动都交织在心头，原来自然界真的是基于标准模型构成的。

相对论是20世纪物理学的伟大发现，狭义相对论阐明了光的性质，广义相对论解释了引力。两者都是绝世天才阿尔伯特·爱因斯坦独自构想和完成的理论。尤其是广义相对论，它是基于爱因斯坦自己所说的“一生中最妙的灵感”而创造出的壮美理论。

与之相对，标准模型是为了解释基本粒子的各种性质以及作用于其中的力，由几代物理学家历尽艰辛创造出来的理论。我在大学的学习会上学习该理论时，它给我留下的印象就好像是曾经多次改建过的温泉旅馆。一手拿着教科书，一手被前辈们拉着开始走向温泉旅馆那种迷宫式的走廊时，我很难分清哪个房间与哪个房间相连，也不知道怎样才能走到大浴池。但是，学完该理论的成就感要比理解广义相对论时强很多，毕竟基本粒子的世界是非常精细的。另外，我认为能够把自然解释得如此深入的人类真的非常伟大。

本书将会带你进入标准模型这座迷宫的深处。请不要担心。我本人的研究就是从更加本原的原理来推导出标准模型，因此标准模型中的内容我即使闭着眼睛也了如指掌。另外，我也费心想了不少办法以便不让你迷路，所以我会细心周到地为你带好路的。希望读者通过阅读本书，能够理解这次 CERN 的发现的意义，可以感受到人类智慧的伟大。

9. 用一线研究者的“比喻”讲解

由于标准模型理论是包括 40 多名诺贝尔奖得主在内的众多物理学家的智慧结晶，自然是比较深奥的理论。而且该理论已经被现代数学语言写成了公式，因此如果原封不动地讲述给一般读者，恐怕很难让人理解。

所以，本书在讲解过程中不会出现数学算式，有时会通过穿插一些比喻的方式来说明（狭义相对论的著名公式 $E=mc^2$ 是个例外，因为我觉得了解这个公式的意义很有价值，所以我会细致周到地解释说明）。不过，虽说是面向一般读者，但我也不会为了通俗易懂而牺牲理论的准确性。

例如，希格斯玻色子被发现之后就有人将其赋予基本粒子质量的作用机制比喻为“糖稀”。但是，其实在基本粒子研究者中，没人对希格斯玻色子的印象会是糖稀。希格斯玻色子给予电子和夸克质量的作用机制与“糖稀缠绕”完全不同。虽然是容易让人理解的简明比喻，但遗憾的是它并没有正确传达出希格斯玻色子的作用机制。

就连预言该粒子的爱丁堡大学教授彼得·希格斯也说：“我真的很讨厌用‘糖稀’来解释希格斯玻色子。”

但是，并非所有比喻都是错误的。我们研究者在辩论的时候也会使用各种比喻。

虽然很多时候我们这些理论研究者都是埋头在黑板或纸张中思索，但那也并不是我们研究生活的全部。例如在量子力学的创始人之一维尔纳·海森堡的自传《部分与全部》中，经常会出现他与尼尔斯·玻尔老师外出散步进行学术讨论的场景。我也常常空着手与同事一边走路一边交流，这个时候，我们经常用比喻的形式来交流理论的数学内容。

就算我一个人单独思考的时候，通常也是不写数学公式的。因为我对数学公式表达的内容具有视觉上的印象，所以我在面向桌子开始计算之前，通常会先在大脑中通过这种印象来组织理论。我想很多小说家恐怕也是先在头脑中构思人物形象，然后才动笔成文的。与之类似，我也是先在大脑中把理论的图像归纳概括得差不多了再用公式去表达。我认为应该有不少研究者都像我这样。

这种情况下，研究者使用的比喻和视觉印象是他们捕捉到的理论本质。与向一般人解释说明的形式不同，这种比喻正确地反映了被翻译成公式之前的想法。因此，本书只会使用那些一线研究者在实际中使用的比喻和印象。这部分内容对于普通读者而言，阅读起来可能会觉得有点费劲儿，不过当你理解了之后，就能获得更加深入、丰富的知识体验。我的目标就是做出既简单明了又准确规范的说明。

10. 围绕“真凶”描绘人物关系图

在爱因斯坦与其助手利奥波德·因费尔德共同完成的名著《物理学的进化》（*The Evolution of Physics*）中，科学家被比喻成了“‘自然’这部推理小说”的读者。

为了理清复杂的人物关系，推理小说会经常在卷首附上人物关系图。本书在研究到希格斯玻色子这个“真凶”之前，也会提到其他各种各样的粒子，所以我也描绘了一张“粒子关系图”供读者参考。在纵向直线连接而成的上下关系中，下面的粒子是上面粒子的构成要素。横向曲线则表示粒子之间的力，椭圆形文本框内标明的是传递该力的粒子名称。只有希格斯玻色子在这个关系图之外，它与其他粒子的关系将会在本书中讲述。

另外，因为本书是按照标准模型以及基本粒子物理学的发展历程和研究者艰苦奋斗的足迹进行讲解的，所以我在书中添加了“基本粒子物理学年表”，以便让读者了解我们处于哪个时代。我并没有罗列基本粒子物理学的全部发展，主要选了一些与本书脉络相关的事件。

在阅读本书的过程中，参照这张粒子关系图和基本粒子物理学年表，可以帮助读者理解相关内容。

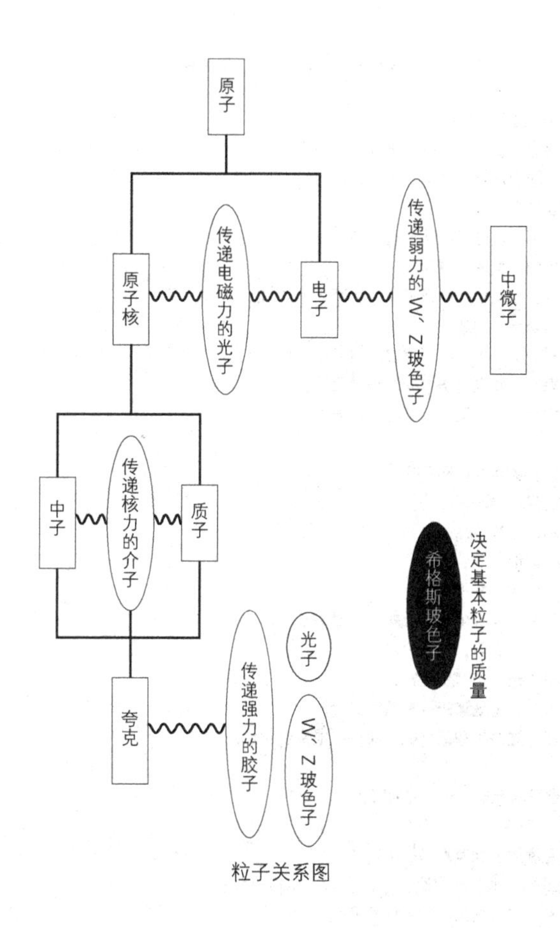
原子
原子核
传递电磁力的光子
电子
传递弱力的W、Z玻色子
中微子
中子
传递核力的介子
质子
夸克
传递强力的胶子
光子
W、Z玻色子
希格斯玻色子
决定基本粒子的质量

粒子关系图

基本粒子物理学年表

一、基本粒子物理学前史

1900 **普朗克**，提出光的最小单位为光子。

1905 **爱因斯坦**，解释光子引起的光电效应。
发表狭义相对论。

1909 **卢瑟福**，领导的团队发现原子核。

1911 **昂内斯**，发现超导现象。

1913 **玻尔**，根据暂定的量子理论解释原子结构。

1915 **爱因斯坦**，完成广义相对论。

1924 **泡利**，提出电子的不相容原理。

1925 **海森堡**，发表量子力学的基础理论。

1926 **薛定谔**，发表量子力学的波动方程。

二、基本粒子物理学的黎明期

1928 **狄拉克**，预言正电子。

1930 **泡利**，预言中微子。

1932 **爱因斯坦**，发现正电子。
查德威克，发现中子。
考克饶夫和沃尔顿，成功完成原子核的人工破坏。

1934 **费米**，发表弱力的理论。
汤川秀树，预言传递核力的介子。

1947 **鲍威尔**，发现汤川秀树预言的介子。

1948 **费曼、施温格和朝永振一郎**，完成重整化理论。

三、基本粒子的大丰收和混乱的时代

1954 设立 CERN。
伯克利质子加速器开始运转。
提出杨 - 米尔斯理论。

1955 **西格雷和张伯伦**，发现反质子。

1956 **李政道和杨振宁**，预言在弱相互作用中宇称不守恒。
莱因斯和柯温，发现中微子。

四、对称性自发破缺

1957 **巴丁、库珀和施里弗**，发表超导理论。

1960　**南部阳一郎**，发表对称性自发破缺的理论。

1964　**盖尔曼**，发表夸克模型。
　　　预言希格斯玻色子。

1967　**温伯格**，发表弱力和电磁力的统一模型（萨拉姆次年发表）。
　　　美国的费米国家加速器实验室设立。

五、标准模型的确立

1969　**弗里德曼、肯德尔和泰勒**，发现质子内部的点状粒子。

1971　**霍夫特和韦尔特曼**，成功完成杨 – 米尔斯理论的重整化。
　　　日本的 KEK 设立。

1973　**格娄斯、维尔泽克和波利泽**，发表强力的“渐近自由”性。
　　　小林诚和益川敏英，发表 CP 破缺的理论。

六、标准模型的实验验证

1974　SLAC 的里克特和布鲁克海文国家实验室的丁肇中发现粲夸克。

1983　**鲁比亚和范德梅尔**，在 CERN 发现 W 及 Z 玻色子。

1995　利用 Tevatron 发现顶夸克。

1998　神冈宇宙基本粒子研究设备确认中微子的质量。

2001　KEK 和 SLAC 验证小林 – 益川理论。

2012　CERN 的 LHC 实验发现被认为是希格斯玻色子的新粒子。

* 我对诺贝尔奖得主的名字进行了加粗，后面的事件是与本书相关的内容，并不一定是其获奖理由。

目录

第一章

质量从何而来

到了近代，人类确立了“物质由原子组成”的原子论。该理论告诉我们，物质的质量是构成该物质的原子的质量总和。原子由电子和原子核构成，在原子的内部，电子围绕着原子核旋转。而原子核又可以分解为质子和中子，质子和中子又可以进一步分解为叫作夸克的基本粒子。然而，质子和中子的质量却远远大于组成它们的夸克的质量总和。那么，质子和中子的质量究竟从何而来呢？

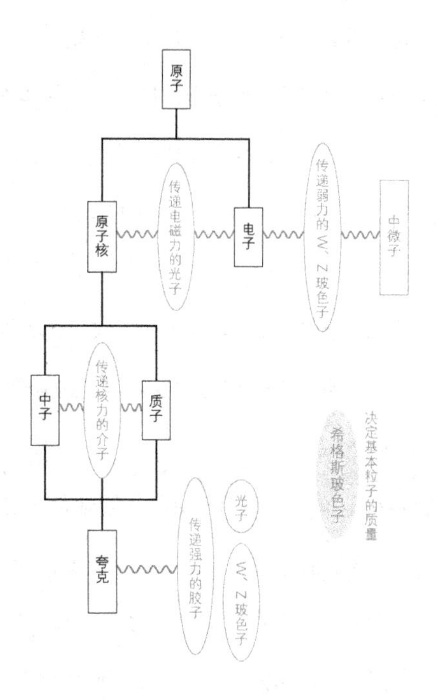

1. 牛顿的代表作始于“质量”的定义

自古以来，“存在是什么”就是哲学范畴中的一个基本问题。最初之时，哲学与科学之间区别不大，所以自然不用说，“存在是什么”不仅是一个哲学问题，还是一个自然科学的基本问题。

戈特弗里德·莱布尼茨是一位杰出的科学家、数学家，同时也是哲学家和外交官，17 世纪他与牛顿在发现微积分的问题上展开过激烈的竞争。就连这位知识巨匠都曾提出过这样的问题：“为什么这个世界不是虚无，那里存在着什么?”基本粒子物理学是一门探究物质的最小单位及其之间作用力之奥秘的科学。或许可以说，这门学问正好回答了莱布尼茨的问题。发现希格斯玻色子之后完成的标准模型对这个问题做出了现阶段的解答。

人类在从哲学和自然科学两个角度共同思索存在是什么的同时，也在思考存在的物质的测量方法。例如，中国的秦始皇在统一全国之际，在施行统一文字政策的同时，也统一了度量衡。度量衡的“度”指长度，“量”指体积，“衡”指重量。使用相同单位对物体进行准确测量这件事，得到了与“统一文字”地位相当的重视。这是理所当然的，如果不清楚物体的长度和重量，就无法营造文明社会。另外，在思考存在是什么的根本问题上，从定量分析角度准确把握“存在”也是非常必要的。

物理学也要处理各种各样的量，其中“质量”具有极其重要的意义。艾萨克·牛顿在确立古典力学代表作《自然哲学的数学原理》第一卷的序文中，定义了各种术语，其中提出的第一个定义便是质量。即使说物理学这门学问是以这本书为起点的也不为过，而该书的起点则是质量的定义。可能牛顿自己也认为对质量的理解是最重要的。

质量是关乎运动状态变化的量。牛顿认为，质量大的物体，静止的时候难以使其动起来，运动的时候难以使其停下来。物体的质量越大，改变其速度就越难。

一方面质量是物质固有的量，但另一方面物质的重量还与引力的大小有关系。因为地球和月球的引力大小存在差异，所以即便是同一物体也会表现出不同的重量。

可能有很多人还记得在初高中课程中所学的质量与重量的区别。

不过，实际上质量与地面测量的重量是成正比的。例如，据说伽利略·伽利雷从比萨斜塔抛下质量不同的两个铁球，实验结果显示它们是同时落地的。虽然这个实验似乎并未实际进行过，但是后来很多精密实验都验证了“轻重不同的物体会以同样速度下落”这一事实。

重的物体比轻的物体受到的引力作用强，所以仅从这个角度看的话，重的物体应该先着地。但是，因为重的物体与轻的物体相比动起来难，所以从这个角度来看，重的物体着地会迟一些。质量的效果与重量的效果会刚好相互抵消，因此重的物体与轻的物体会同时到达地面。这被普遍认为是质量与重量成正比的证据。

当然牛顿也是知道这一事实的，他在《自然哲学的数学原理》中这样写道：“精密的单摆实验表明质量与重量成正比。”但是，他并未解释质量与重量为什么会成正比。爱因斯坦的广义相对论解决了这个问题。因为本书不会过多提及引力的话题，所以感兴趣的读者请参考《引力是什么》。

最近的实验已经在 $1/10^{13}$ 的精度上验证了质量与重量的比例关系。因此本书也把质量和重量当成相同的意思来使用（例如，把基本粒子变得拥有质量描述为基本粒子“变重”了）。

2. 物质的质量是原子质量的总和

进入18世纪后半期，化学领域斩获了关于质量的重大发现。法国化学家拉瓦锡发现，化学反应前后物质整体的质量不变。参与反应的物质即使各自的质量发生变化，但它们整体的质量总和也保持不变。这就是“质量守恒定律”。

这一发现从定量分析的层面验证了原子论。原子论认为将物质分解后，最终将得到不可再分割的原子。现在我们已经知道原子其实也不是最小单位的粒子，它的内部存在原子核和电子的结构，原子核是由质子和中子构成的，质子和中子又是由夸克组成的。但是，18世纪后半期还没有确切的证据证明是否真的存在原子。

如果所有物质都是由原子构成的，那么物质的质量应该为“原子的质量 × 原子的数量”。但是由于氢、碳、氧等原子的质量会因种类不同而存在差异，因此将各个种类元素的“原子的质量 × 原子的数量”加起来才是物质的正确质量。所以，如果化学反应中发生原子重组，而原子数量保持不变，就可以推导出拉瓦锡的质量守恒定律。

如果原子是物质的最小单位，那么原子的重量就应该是质量的单位。每个原子的质量都是固定的，所以物质的质量取决于其包含的原子数量。从这个角度来看，我们是可以把原子论作为一个科学问题进行探究的。

然而，故事并未就此结束。19 世纪中叶，俄国化学家德米特里·门捷列夫制作了元素周期表，发现了 60 种质量各不相同的原子。元素周期表表明，性质相似的原子会成周期性地出现。因此，也可以通过元素周期表来预言一些尚未发现的原子。事实上，门捷列夫预言了很多原子的存在，而且这些原子后来也都陆续被发现了。

鉴于原子的种类如此之多，我们很难认为原子真的是组成物质的基本单位。例如，圆形、三角形和四边形等简单形状的积木倒塌后会分成五种左右的积木块，我们可能会认为这些是最基本的形状，已经不能再继续分割了。但是，组成复杂形状的积木有几十种，它们是由多个更为基本的形状的积木组成的。原子也是一样，既然发现了好几十种原子，那么可以理解它们还存在内部构造。因此，我们会很自然地质疑原子是否是由更加微小的基本单位构成的。

3. 粒子发现大繁盛，希腊字母已经不够用了！

实际上，从 19 世纪末期到 20 世纪初期，我们就已经知道原子是具有内部结构的。在原子的内部，带负电的电子围绕带正电的原子核旋转。在电磁力的作用下，电子与原子核结合在一起形成了原子。

但是，原子核要远远重于电子。原子核的尺寸是电子的 2000 倍到 20 万倍。因此，我们可以认为原子的质量基本就是原子核的质量。

1932 年，原子核的人工轰击实验告诉我们原子核也不是最基本的粒子，它是由叫作质子和中子的粒子组成的。那么，我们可以认为原子的大部分质量就是质子和中子的质量了吧？

当对于微观世界的理解到达这一层次时，我们身边基本物质的组成就能得到解释了。我们的物质世界是由质子、中子和电子这三种粒子组成的，这些粒子间还存在各种力的作用。

然而，随着基本粒子实验使用的加速器技术的不断成熟，我们连续不断地发现了与质子或中子性质相似但质量不同的粒子。在使用加速器让粒子发生对撞时，通过观察发现，对撞时出现了新的粒子。虽然它们都因不稳定而立刻崩塌消失，但是既然存在就无法忽视。研究者用Σ（西格玛）、Λ（拉姆达）、Ω（欧米伽）等希腊字母依次命名这些新粒子，然而这个过程中发现的新粒子已经多得超过了希腊字母的数量。

与门捷列夫时代发现60种原子的情况相同，这次粒子发现的规模也相当惊人。人们已经不会认为如此多的粒子会是物质的基本单位了。质子、中子和同类的Σ、Λ、Ω（这些粒子统称“重子”），以及汤川秀树预言的π介子和同类的η、ρ、ψ（艾塔、柔、普赛，这些粒子统称“介子”）都如同积木一样，它们都具有内部结构。我们把重子和介子这种具有内部结构的粒子称为“强子”。

4. 质子和中子的质量并非夸克质量之和

理论物理学家默里·盖尔曼确立了揭示强子内部结构的理论。他认为强子由更加基本的粒子组成（我会在第三章讲述他产生这一想法的原委），质子和中子等重子由3个粒子组成，π介子和η、ρ、ψ等介子由2个粒子组成，这些基本粒子被统一命名为“夸克”。实验也验证了夸克的存在，目前普遍认为夸克是最基本的粒子。三个夸克组成一个质子或中子，质子和中子构成原子核，原子核与电子结合成原子（图 1-1）。那么，原子的质量看起来好像就等于夸克与电子的质量总和。

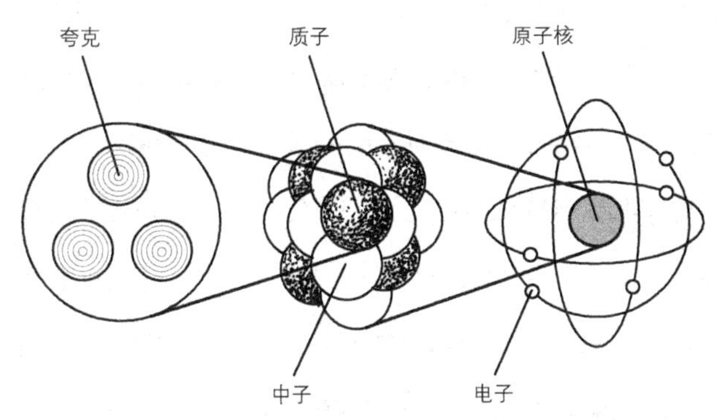

图 1-1　三个夸克组成一个质子或中子，质子和中子构成原子核，原子核与电子结合成原子。那么，夸克和电子能够解释物质的质量吗？

然而，实际情况并非如此。“前言”部分也曾稍有涉及，在质子和中子的质量中，夸克的质量所占的比例只不过是 1% 而已。

那么，剩下 99% 的质量从何而来呢？除了构成原子的基本粒子的质量以外，应该还存在某处为物质提供相应大小的质量。

著名的公式 $E=mc^2$ 成为了理解这个问题的关键。爱因斯坦在 1905

年 6 月发表了狭义相对论的论文，并于 3 个月后在补遗中推导出了这个公式。能量（E）等于质量（m）乘以光速的平方（c^2）。也就是说，质量与能量之间存在正比例的关系。

这个公式具有划时代的冲击力，它揭示出能量与质量在本质上是相同的。由于光速数值巨大，为每秒 30 万千米，所以该公式还表明微小的质量也可以产生出巨大的能量。如果重 1 克的 1 日元硬币能够完全转化成能量的话，那么或许可以提供 8 万户家庭 1 个月所消耗的电量。

原子弹和核电站能够用少量燃料产生巨大的能量也是根据这个公式。投放到日本广岛的原子弹中装有 64 千克的铀，不过据推测实际上大概只有 1 千克铀发生了核裂变反应。而仅仅 0.6 克铀所转化成的能量，其爆炸规模就相当于 1.5 万吨 TNT 炸药。

爱因斯坦的这一发现，逼迫拉瓦锡的质量守恒定律做出了改变。既然质量可以转换成能量，那么质量和能量就不是各自独立存在的量。某一现象的前后，保持不变的量不是质量，而是质量和能量的总量。

例如，严格来讲物质的质量也不是“原子的质量 × 原子的数量”。还需要把使原子结合在一起的电磁力的能量也计算进去。但是因为这种能量小到可以忽略，所以拉瓦锡的实验没有观测到它，从而得出了化学反应前后质量守恒的结论。

5. 物质质量的99%来自“强力”的能量

同样，原子中使原子核和电子结合在一起的电磁能量也只占原子质量的一亿分之一。因此，可以说原子的质量基本等于原子核的质量。

原子核的质量也基本上等于质子和中子的质量。在原子核内把质子和中子牢固结合在一起的是第三章将要讲述的“核力”。核力的能量确实非常大。一枚原子弹之所以具有相当于1.5万吨TNT炸药的威力，也是因为核裂变反应中释放出了核力的能量。即便如此，如果用公式$E=mc^2$把如此巨大的能量换算成质量，该质量也只是相当于原子核质量的1%。因此，我们可以认为原子核的质量是构成它的质子和中子的质量之和。

于是我们身边的一般物质的质量就可归结于其自身的质子和中子的质量。

进一步讲，质子和中子分别由3个夸克组成。如果沿用此前的思维模式，我们会觉得好像可以用夸克的质量来解释质子和中子的质量。但是，正如前文所言，即使把所有夸克的质量加起来也仅占了质量的

1% 而已。

那么，剩下的 99% 的质量到底从何而来呢？这些质量其实源自将夸克束缚在质子和中子之中的“强力”的能量。

把使原子和原子、原子核和电子、质子和中子结合在一起的能量，换算成质量后的数值是非常渺小的。但是，作用于夸克的力却可以产生巨大的能量，这种力能够解释粒子剩余的 99% 的质量来源。第三章我会介绍强力的理论，利用该理论通过超级计算机计算出的强子（中子和介子）质量与实验测定的数值完全一致（图 1–2）。

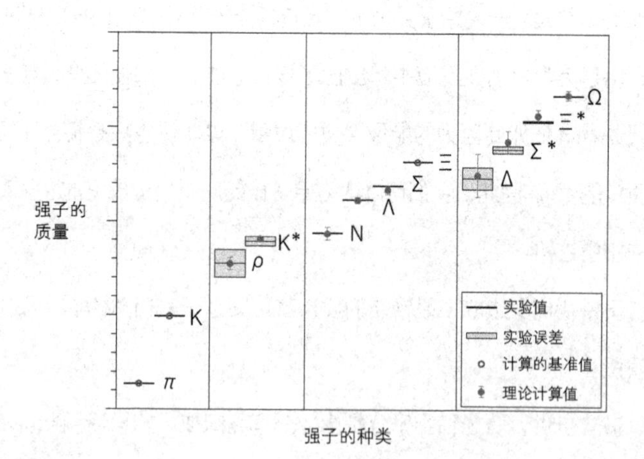

图 1–2　强子质量的实验值与利用强力理论计算值的比较
（转自 S.Durr et al.,Science322(2008)1224-1227 图 3）

因为质子和中子的质量基本源于束缚夸克的能量，所以原子的质量，甚至连我们身边物质的质量，也基本都是源于这种束缚夸克的能量。

电子和夸克的质量仅占整体质量的1%。所以物质的质量基本可以解释为强力的能量通过公式 $E=mc^2$ 换算出的质量。

6. 希格斯玻色子并非“万物的质量之源”

因为质子、中子和介子等强子是由夸克构成的，所以它们并不是最基本的粒子。在标准模型中，电子被认为是基本粒子。因此本书把夸克和电子等标准模型中的基本粒子称为“基本粒子”，除此之外的粒子只称为粒子。

标准模型的基本粒子中，仅有传播电磁力的光子（下一章会详细介绍光子）通过实验被证明了没有质量。光子以外的所有基本粒子都有质量，并且它们的质量起源都与希格斯玻色子有着密不可分的关系。所以当希格斯玻色子被发现的时候，相关报道便称其为“万物的质量之源”。

但是，正如前文所言，基本粒子的质量只是物质总质量的冰山一角。质子和中子的质量基本来源于作用于其间的强力的能量，构成它们的夸克的质量只不过占了 1% 而已。组成我们人体的物质的质量也不全是基本粒子的质量，99% 是作用于基本粒子之间的强力所带来的质量。虽然报道称希格斯玻色子为“万物的质量之源”，但是这种说法仅限于“基本粒子”的范畴之内，将其理解为“所有物质的质量之源”是不正确的。

本章在开头提出“质子和中子的质量究竟从何而来”的问题时，可能会有人期待答案是“源自希格斯玻色子”。但是，其实质子和中子的质量大部分源自强力，希格斯玻色子给予的比例仅为 1%。

不过，基本粒子的质量尽管仅占所有物质质量的 1%，却发挥着重要的作用。“前言”部分也曾提到，如果电子的质量为零的话，原子半径将变成无穷大。那么，组成我们世界的各种物质的原子或分子也就不存在了。

另外，质子和中子虽然都由 3 个夸克构成，但由于构成它们的夸克的质量存在差异，因此中子比质子稍微重一些。这一质量的差异在维持原子的稳定性上发挥了重要的作用。如果只考虑电荷的守恒，弱力也是可以使质子与电子结合变成中子的。但是，如果发生这一现象，就会出现非常糟糕的情况。例如氢原子，因为电子围绕着质子旋转，所以一旦氢原子的质子吸收电子变成中子，氢原子就会变得不稳定。

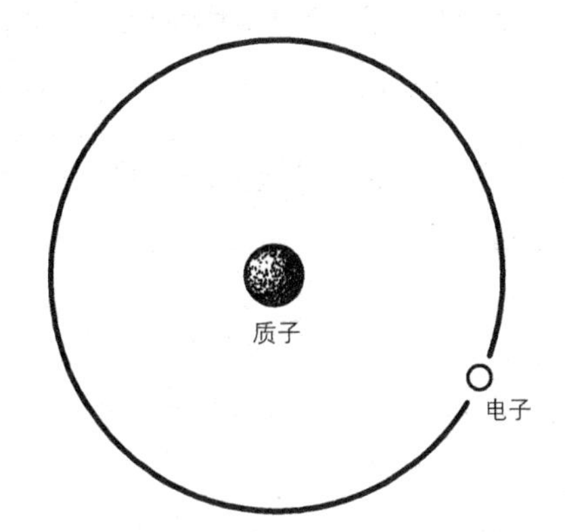

图 1-3　氢原子是由质子和电子构成的。氢原子之所以保持稳定，是因为质子比中子轻

幸运的是，中子的质量比质子与电子的质量之和大。也就是说，根据 $E=mc^2$ 可以算出，中子的能量更高。正如水往低处流，能量可以轻而易举地从高的状态（中子）向低的状态（质子和电子）发生转变。实际上，只要把中子放置于什么都没有的地方，它就会在大约 15 分钟后分解成质子和电子。但是，反过来将质子和电子转变成中子就需要额外的能量了。氢原子之所以不会变成中子，是因为中子比质子与电子的质量重。归根结底地讲，夸克在质量上的差异保证了原子的稳定性。

但是另一方面，电子和夸克具有质量也有麻烦的地方。如第四章所述，基本粒子具有质量与弱力的作用方式产生了矛盾。当然，现实的情况是电子和夸克具有质量，而且弱力也存在。为了消除这一矛盾，研究者们想出了希格斯玻色子的理论。

这个话题还是放在后面的章节进行讲解吧。下一章我先来讲述“力”究竟是关于什么的话题。

第二章

“力”是一种改变的作用

标准模型中包含了很多种基本粒子。这些基本粒子分别具有各自的“场”。如果省略了对“场”的解释，希格斯玻色子结构的讲解就会令人费解。让我们在本章通过基本粒子间的作用力来理解“场”的概念，从而为第三章讲解标准模型做准备。

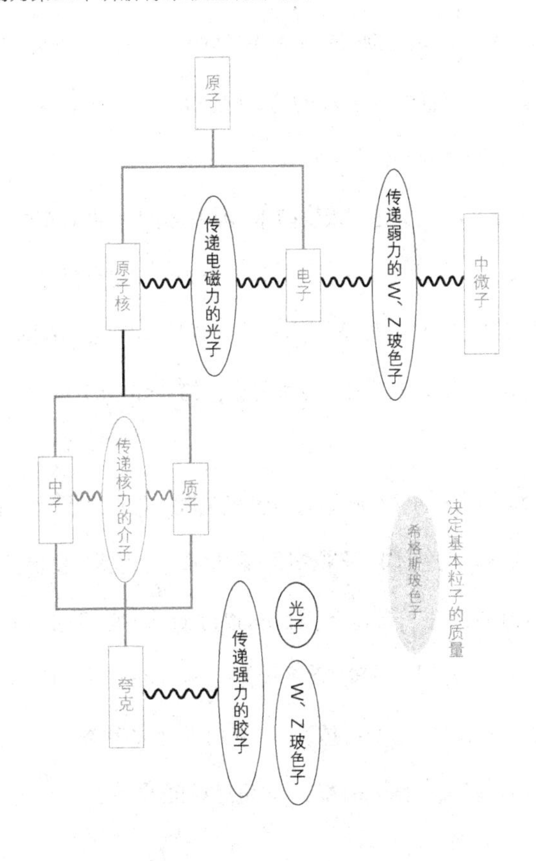

1. 力既改变运动状态，又改变粒子种类

物理学是一门解释物质及作用于其间的力，从而理解自然现象的科学。上一章我们对构成物质的基本粒子进行了一番思考。那么，作用于物质之间的力又是什么呢？

牛顿的力学认为力是“改变物体运动状态的外因”。如果没有力的作用，物体就会维持同一状态持续运动下去。如果没有力的作用，静止的物体就会保持静止的状态不变，运动中的物体会沿着同一方向持续匀速运动。不过，只要对其施加外力，物体的运动方向和速度就会发生变化。

上一章所讲述的关于质量的内容在这里变得尤为重要。因为在讲解希格斯玻色子为基本粒子带来质量的报道中，经常会出现混淆“质量”和“摩擦力”的情况，所以让我们先了解一下它们的区别。

上一章做过介绍，质量“改变物体运动状态的难易程度”。如果施加的外力大小相同，那么物体的质量越小其运动状态的改变就越大，质量越大其运动状态的改变就越小。请注意这里所说的运动状态变化，

既包括速度变快的情况也包括变慢的情况。质量较大的情况下，静止的物体就比较难动起来，相反已经处于运动状态的物体则比较难停下来。

在这点上，质量与摩擦力、阻力是不同的。虽然有摩擦力作用的静止物体难以动起来的情况与质量的效果相似，但是运动的物体受到摩擦力作用就停止的情况则与质量的效果（运动的物体会持续运动下去）完全相反。

随着物理学的研究发展，我们发现，力的作用不仅仅体现在改变物体运动状态的层面上。虽然引力和电磁力也可以只通过改变物体的运动状态来理解，但是强力和弱力则还有其他的作用。例如，前言中提到的铯 137 释放的 β 射线，就是在弱力作用下中子转化成质子的伴随现象。也就是说，力不仅具有改变粒子运动的作用，还具有改变粒子“种类”的作用。

说起“力”可以改变粒子的种类，你可能会感到有些意外。如果说投球或拉车，或许任何人都能直观地理解“施加外力改变物体运动状态”的道理。但是，无论我们使用多大的“力”，都不能改变所接触的物体的种类。

前言也提到，我们平时会把“艺术力”这种能够在广义上改变某种状态的东西也称为力。物理学中的力不仅仅具有改变物体运动状态的能力，还具有改变粒子种类的作用。

2. 磁铁周围的铁砂、气象图……“场”是什么

那么，力是如何在物质之间发挥作用的呢?

我们在投球或拉车的时候，感觉力作用于物体的情况并没有什么奇怪之处。我们接触物体并直接施加外力，物体动起来也是理所当然的。

但是，引力和电磁力的情况又是怎样的呢?无论是地球吸引苹果的力，还是磁铁互相吸引和排斥的力，都是物体没有直接接触就进行传递的力。我们把这种即使不接触也会发生的力叫作“场力”。从古希腊时代起，场力的作用机制就是一个巨大的谜题。

直到 19 世纪，人类才确立了解释场力作用机制的电磁力理论。这就是麦克斯韦的电磁学。麦克斯韦用“场”的概念解释了电和磁在不接触的情况下进行传递的机制。我们所在的空间内存在名为“电磁场”的场，由它传播着电磁力。

到底什么是场呢？简而言之，场就是“特定数值的各处的集合”。例如，可能有很多人在小学理科课上做过在放有磁铁的纸上撒下铁粉的实验。此时我们只要观察铁砂形成的图形，就能获知磁铁周围产生的磁感线的形状（图 2-1）。由此我们可以看出，在不同地方，磁作用方向和大小都是特定的。因为与磁相关的量在每个地方都是特定的，所以我们称之为“磁场”（磁场的“值”既包括大小也包括方向）。

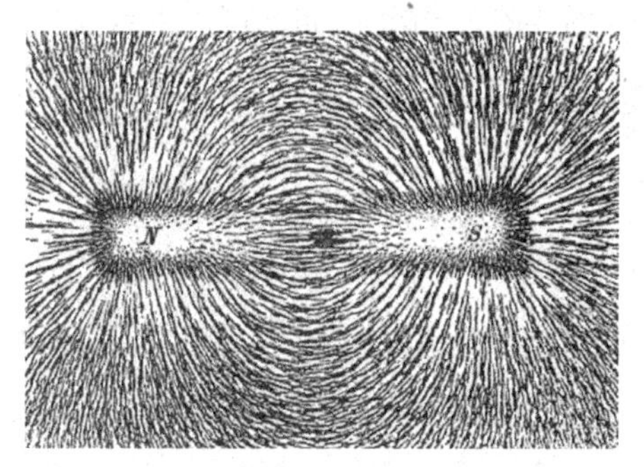

图 2-1　只要在磁铁周围撒下铁砂，就能获知每个地方磁感线的方向和强度

假设现在你正在书桌的台灯下阅读本书，如果打开开关，台灯就会放出光芒。麦克斯韦的理论认为光是电磁场的波，也就是电磁波的一种。可视光、微波炉的微波和原子核释放出的 γ 射线都是电磁波，只是波长不同而已。

因此，打开台灯的开关也可以说是电磁场中产生了波。另外，我们可以发现靠近台灯光源的地方较为明亮，而远离光源的房间角落则比较暗。这是因为电磁场的分布在每个地方是有区别的。电磁场存在于我们的世界中，每个地方的电磁场都具有相应的量。

在这里我们必须注意的一点是，电磁场并不是通过放置磁铁或打开灯的开关创造出来的。电磁理论认为，从宇宙诞生之时到现在，我们世界的各个角落都存在电磁场。如果不放置磁铁或不打开灯的开关，电磁场的值可能为零。但是，这并不是说那里就不存在电磁场。而是虽然存在电磁场，但其值可测得为零。如果在那里放置一块磁铁，磁场的状态就会发生变化，从而表现出图 2-1 那样每个地方均具有不同的值。

因为特定数值场所的集合都叫作场，所以场不仅仅指电磁场。例如气象图用等压线来表示每个地方不同的气压分布。由于每个地方的气压都是特定的数值，因此气象图就是将气压的场可视化了。

顺便介绍一下，像电磁力具有电磁场一样，引力也具有传递其自身的引力场。如果在什么都没有的地方放置具有质量的物质，周围引力场的状态就会发生改变（与放置磁铁时周围磁场发生变化的情况相同），从而影响物体的运动。每个地方的引力大小是有区别的，例如太阳的引力离太阳越远就会越弱。

3.“光既是波也是粒子”是怎么回事？

对于现代物理学而言，场的思维模式发挥了核心作用。在基本粒子的标准模型中，不仅仅是电磁力的背后存在电磁场，夸克和电子等粒子也具有各自的“夸克场”和“电子场”。

在解释希格斯玻色子的时候，对场的思考也不可或缺。首先存在叫作“希格斯场”的场，它的变化导致产生了希格斯玻色子。由于新闻版面和电视节目播放时间的限制，报道内容可能不会介绍得如此深入，在讲解希格斯玻色子的时候往往容易将其披上奇妙神秘的面纱，我想这正是因为省略了对场的介绍。本书有幸从编辑那里申请到了足够的页数篇幅，因此我会详细做出解释。

讲到这里，你可能不知道为什么场与粒子存在关系吧？根据麦克斯韦的理论，电磁场中产生的东西是叫作电磁波的波。既然波产生于场，那么希格斯场似乎也会产生“希格斯波”。

但是，在麦克斯韦的电磁学确立之后，物理学领域获得了重大的发现——作为电磁波的光也具有粒子的性质。

波具有“连续”变化的量。例如大海的波浪，海面的高度是连续变化的。

与之相对，粒子是可以数清的，如 1 粒、2 粒、3 粒。像这种 1、2、3……可以数清数量的性质叫作“离散”。

光的强度是连续变化的量，还是可以 1 粒、2 粒这样数清的离散的量呢？这一大难题历经几百年才得到解决。

我们在日常生活中很难感受到光（电磁波）具有粒子的性质。但是，在核电站事故发生后，可能也有人购买了个人 γ 射线检测仪。如果带着检测仪走到存在放射性物质的地方，检测仪就会发出“咔嚓、咔嚓、咔嚓”的声音。那是 γ 射线的粒子逐个进入检测仪时发出的声音。也就是说，检测仪在 1 粒、2 粒地离散地数着光的粒子。如果电磁波不是由粒子组成，而只具有波的性质，那么检测仪只会发出“咂——”这种或强或弱的连续的声音。然而实际情况并非如此，这就是电磁波具有粒子性质的证据。

自古以来，人类关于光“是波还是粒子”的问题就争论不休。早在 17 世纪牛顿认为“光是粒子”，而荷兰物理学家克里斯蒂安·惠更斯则主张“光是波”。后来，实验证明了光具有波的性质，进一步验证了麦克斯韦提出“电磁波的本质是光”的预言。正如电磁波一词中

“波”的这种描述，电场和磁场的涨落确实是像波一样进行传递的。于是，“光是波”的结论就此产生。

然而，1900年马克斯·普朗克找到了光的能量并不是连续变化，而是离散变化的证据。普朗克因此获得了1918年的诺贝尔奖，并被誉为“量子理论之父”。

“量子”的意思是某个量的最小单位。如果光的能量中存在最小单位（量子），就无法实现连续的增减。能量的变化就会表现出离散的特征。这就是“光具有粒子性质”的意思。

如果测定熔炉中加热的铁所放出的光，就会发现温度越高其波长越短。温度低的铁发红光，提高温度之后铁的颜色就会变成青白色。我想有人曾在参观工厂的时候见过，这一现象就是普朗克提出量子理论的契机。因为对于炼铁业而言了解加热铁的温度至关重要，所以在工业革命鼎盛期，德国的物理学家们致力研究通过光的颜色来测定温度的方法。但是，假设光的能量是连续变化的，进行一番计算后会发现计算结果不能解释这个现象。最终他们没能解决如此简单的问题。这个问题变成了19世纪后半期物理学领域的一大难题。

后来普朗克提出了解决这个问题的思路。他把分别测定每种波长的光能的方法叫作光谱分解。普朗克的量子理论认为，每种波长都有能量的最小单位，光的能量只取其整数倍的值。量子理论就是从加热铁会放出何种颜色的光这种贴近我们生活的问题开始的。

1905 年，爱因斯坦利用普朗克的量子理论解开了“光电效应”的谜题。当用短波的光照射金属表面时会激发出电子，但奇怪的是换作长波的光之后，无论光的强度多大都不能激发出电子来。如果光是波的话，就无法解释这个现象了。

爱因斯坦则发现，如果使用量子理论的话是可以解释该现象的。光是粒子，其能量中存在最小单位，如果以它为单位能够 1 粒、2 粒、3 粒地数清其数量的话，就能明白光电效应的机制了。这些研究成果表明，光具有波和粒子两方面的性质。1921 年爱因斯坦获得了诺贝尔奖，获奖原因并非广义相对论，而是对光电效应的解释。

普朗克和爱因斯坦提出的光的粒子被命名为“光子”。

作为波的光具有波长，例如可见光因波长不同而表现出红色和蓝色等颜色。普朗克和爱因斯坦认为，每粒光子所拥有的能量都取决于光的波长。光的波长越短，光子的能量就越大。

另外，每种波长的光都能改变强度，光的强度取决于光子的数量。例如同是可见的红光（也就是波长相同），光子数量多的强度更大。由于光的强度由光子的数量（粒子的数量）决定，所以无法发生连续的变化。光的强度是随着光子的数量发生 1、2、3 这样的离散变化的。

我们平常可以看见的可见光的每个光子所拥有的能量都很小，例如电灯发出的光中包含了大量的光子。因此，我们感觉可见光的能量似乎是可以发生连续变化的。在光子数量很多的时候，光就会表现出波的性质。

γ 射线的情况与之相反，其每个光子都带有非常巨大的能量。刚才也曾提到，把 γ 射线检测仪带到存在放射性物质的地方时，检测仪就会发出“咔嚓、咔嚓、咔嚓”的声音。γ 射线的每个光子所拥有的能量是我们体内 DNA 结合时所需能量的 10 万倍。而人即使前往 γ 射线地区进行测定也不会影响身体健康，可见 γ 射线中光子的数量很少，所以也就能够清晰地听到光子逐个进入检测仪发出“咔嚓、咔嚓、咔嚓”的声音。这一现象表明，光子数量多的光会表现出具有连续性的波的特征，光子数量少则表现出离散的特性。

于是我们可以认为电磁场发生变化产生的电磁波是叫作光子的粒子在飞舞。更为通俗的说法是电磁场的变化是大量光子聚集而引起的现象。像这样，认为连续变化中是存在最小单位的观点，是量子理论的基本思路。

4. 构成物质的“费米子”与传递力的“玻色子”

电子这种带有电荷的粒子可以让其周围的电磁场发生变化。发生变化的电磁场会影响到远处粒子的运动。电磁力就是这样传递到远处的，它是以电磁场为媒介进行传递的。

因为电磁场变化的最小单位是光子，所以电磁场传递力的过程也可以说是光子的往来运动。

影响场变化的最小单位的粒子，并非是电磁场特有的。传递力的场都具有这种粒子。

标准模型的强力和弱力也有传递这两种力的场，各个场也都拥有相应的粒子。例如，强力的粒子是胶子，弱力的粒子是 W 玻色子及 Z 玻色子。强力和弱力就是靠这些粒子的来往进行传递的。我们把这些传递力的粒子统称为“玻色子”。

与此相对，电子和夸克那种直接构成物质的粒子叫作“费米子”。

费米子具有这样的特性：在一种状态下，要么存在一个粒子，要么没有粒子。

费米子的这一性质就像同一特定空间内不能塞进两块及两块以上的积木一样，这可以说是物质极为朴素的特性。但这个朴素的性质却给原子的状态带来了重要的影响。

原子是由原子核和在其周围的轨道上旋转的电子构成的。第四章会详细讲解相关内容，在此先简要说明一下。原子核外具有与能量等级对应的几个层次的轨道，各个轨道上电子都处于两种不同的状态。因为电子是费米子，所以一种状态只能容纳一个电子。因此，各个轨道上都是数量固定的两个电子。如果出现三个电子，其中的一个就一定会被挤到其他轨道上。

20 世纪初普朗克和爱因斯坦提出的量子理论构想，经过此后的发展，1925 年海森堡确立了这一理论，并称之为量子力学（物理学的理论一旦完成，就会从“某某理论”变成“某某力学”）。他的朋友沃尔夫冈·泡利立刻把原子中的电子运动代入了海森堡的方程式，完美地诠释了门捷列夫的元素周期表。在此之前，玻尔也给出过暂定的解释，泡利则利用海森堡的基础方程将元素周期表推导了出来。

泡利的计算结果告诉我们，能量最低的电子轨道只有一种，能量第二低的轨道有四种。正如第四章所述，因为各个轨道存在两种状态，所以能量最低的状态中含有 1×2=2 个电子，能量第二低的状态中含有

4×2=8 个电子。

利用这一规律，我们可以推导出元素周期表。因为氢原子（H）有 1 个电子、氦原子（He）有 2 个电子，所以这些电子都能进入能量最低的轨道。这就是元素周期表中的第一行。因为锂（Li）有 3 个电子，所以其中的 1 个必须进入能量次低的轨道。因此，周期表的第二行从锂开始到具有 10 个电子的氖（Ne）结束。因为能量第二低的状态共有 8 个，所以到氖就已经填满了，从下一个钠（Na）开始就变成了元素周期表的第三行。

H																	He
Li	Be											B	C	N	O	F	Ne
Na	Mg											Al	Si	P	S	Cl	Ar
K	Ca	Sc	Ti	V	Cr	Mn	Fe	Co	Ni	Cu	Zn	Ga	Ge	As	Se	Br	Kr
Rb	Sr	Y	Zr	Nb	Mo	Tc	Ru	Rh	Pd	Ag	Cd	In	Sn	Sb	Te	I	Xe
Cs	Ba	※1	Hf	Ta	W	Re	Os	Ir	Pt	Au	Hg	Tl	Pb	Bi	Po	At	Rn
Fr	Ra	※2															

※1 镧系元素	La	Ce	Pr	Nd	Pm	Sm	Eu	Gd	Tb	Dy	Ho	Er	Tm	Yb	Lu
※2 锕系元素	Ac	Th	Pa	U	Np	Pu	Am	Cm	Bk	Cf	Es	Fm	Md	No	Lr

图 2–2　电子是费米子的属性可以解释门捷列夫的元素周期表

也就是说，元素周期表的横行（周期）取决于原子中的电子所占轨道的能量。元素周期表是门捷列夫在整理原子性质的过程中发现的，我们利用电子是费米子的属性则可以根据基本原理将其推导出来。

如果电子不是费米子的话，那么同一状态就可以容纳任意数量的电子，所有电子全部涌向能量最低的轨道应该很稳定。在这种情况下，原子的性质就不会表现出现在的周期性了。元素的图表不再是“周期”表，而会成为不换行的单一横列。

相反，传递力的玻色子具有在同一状态下可以存在任意数量粒子的性质。就像形状相同的积木可以在同一空间内重叠多个一样，你可能会感到有点不可思议吧。但是，这一性质对于玻色子传递力而言非常重要。

例如，电磁力的强度取决于传递该力的光子的数量。因此，为了调节力的“强弱”，我们必须要控制玻色子数量的“增减”。玻色子的数量越多力就越强，数量越少力就越弱。因为一种状态可以容纳任意数量的玻色子，所以力的强度是可以发生变化的。

本书各章的章首页都附有“粒子关系图”。从图中可以看到，椭圆形文本框中的是玻色子，长方形文本框中的则是费米子（不过，中子数为偶数的原子和原子数为偶数的原子核是玻色子）。因为一种状态可以容纳任意数量，所以玻色子给人的印象是柔软的（使用椭圆形），费米子给人的印象则是坚硬的（使用长方形）。

下面开个玩笑，据说13世纪的神学家、哲学家托马斯·阿奎纳曾论证过“一个针尖上可以容纳几个天使跳舞”的问题（也有人说，这是后世为了批判以阿奎纳为代表的经院哲学卖弄学问的作风而杜撰的）。如果天使是由费米子构成的，那么针尖上只能容纳一个天使独舞。但是，天使若是由玻色子构成的，那么针尖上应该可以容纳任意数量的天使共舞。

5. 希格斯玻色子的发现是存在“第五种力”的证据

这里先稍作介绍，后面还会详细解释的希格斯玻色子也是一种玻色子。另外，光子、W玻色子和胶子等粒子同样也具有产生这些粒子的“场”。那就是给电子和夸克等基本粒子带来质量的“希格斯场”。

接下来我会依次介绍希格斯场给基本粒子带来质量的作用机制。在这里我们要注意基本粒子的质量具有各不相同的数值。例如，电子的质量与夸克的质量是不同的。原因在于希格斯场对各个粒子的影响强度存在差异。电子这种带电粒子在通过电磁场时受到的力的强度会因电荷的大小不同而出现差别，基本粒子的情况与之相似。

考虑到希格斯场与电磁场的相似性，我们意识到发现希格斯玻色子的另一个意义。此前玻色子被认为对应着电磁力、强力和弱力这三种力。另外，虽然传递引力的引力子尚未确认，但是普遍认为它也是玻色子。

希格斯玻色子也是玻色子，表明它可以在具有质量的粒子之间传递力的作用。但是，这种力与上述三种力及引力都不同。希格斯玻色子所传递的力是通过“给予质量”改变粒子状态的“力”。自然界中是存在这种力的。也就是说，希格斯玻色子的发现也是继上述三种力及引力之后存在“第五种力”的证据。

第三章

距离越远力越强

——强力的奇妙性质

20 世纪五六十年代，随着加速器技术的飞速发展，人类发现了种类繁多的新粒子，基本粒子理论迎来了混乱的时代。盖尔曼提出的夸克模型成为了当时的“救世主”。夸克原本应该被“囚禁”在质子等粒子之中无法取出，然而我们利用加速器发现夸克似乎在质子中自由地转动。我们该如何解释作用于夸克之间的奇妙之力呢？

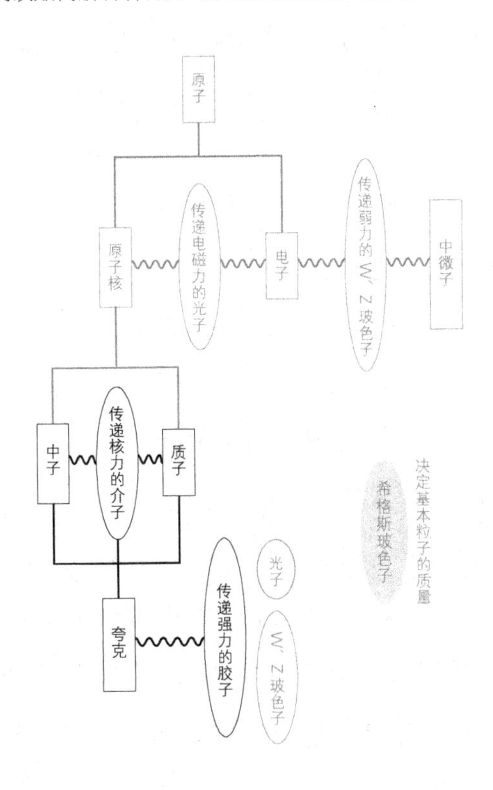

1. 1932 年轰动物理学界的两大事件

上一章通过讲解质量和力的概念，我们一起了解了基本粒子。我想你应该对物质的基本构成以及物质间的作用力有了大致的印象。从这一章开始，让我们深入了解一下“强力与弱力”，这也是本书的题目。

首先来看一下“强力”。由于希格斯玻色子是与“弱力”密切相关的粒子，可能有人会急于了解弱力，请这样的读者稍等片刻。先了解强力之后，与弱力进行比较，才能更好地理解弱力是什么以及它的不可思议之处。

强力的相关研究是从构成原子核的核力问题开始的。1932 年轰动物理学界的两大事件为其提供了发展的契机。

第一件事是剑桥大学的詹姆斯·查德威克发现了中子。

约里奥·居里夫妇（玛丽·居里的女儿伊雷娜·居里及其助手弗雷德里克·约里奥）通过研究发现钋的原子核释放出呈电中性的射线。因为这种射线不带电，所以他们最初以为是电磁波（ γ 射线），但是它具有无法解释清楚的性质。查德威克认为这种射线是几乎与质子具有相同质量的新粒子的集合，并将其命名为中子。在此之前本书都是理所当然地写着“原子核是由质子和中子构成的”。但是，当时由于人类只知道电子和质子这两种粒子，所以这是一项巨大的发现。查德威克发现中子之后，仅过 3 年就获得 1935 年的诺贝尔奖，也属实至名归。

另一个事件是由“加速器”的研发引起的。事件的主角是剑桥大学的约翰·考克饶夫和欧内斯特·沃尔顿。

之前人们在做粒子撞击实验时使用的是从原子核自然释放的射线。例如，阐明原子结构的欧内斯特·卢瑟福等人使用的是 α 射线。使用这种射线照射原子，通过观测它的弹射路径，了解到了电子围绕着原子核旋转的原子内部结构。但是单凭自然的射线能够开展的实验具有一定的局限性。为了使用更高的能量让粒子发生碰撞，卢瑟福提出了人工加速粒子的观点。

于是考克饶夫和沃尔顿设计出了使用强电场给粒子加速的方法。而且，他们利用自主研发的加速器让质子与原子核发生碰撞，成功地完成了原子核的人工破坏。具体来讲，就是用质子轰击锂的原子核，使其分裂成两个锂的原子核。考克饶夫和沃尔顿因此获得了 1951 年的诺贝尔奖。

中子的发现和原子核的人工破坏揭开了原子核结构此前蒙着的神秘面纱。获得这样的线索之后，研究者们开始认为可以将原子核理解为质子和中子的集合。这两项发现都是英国剑桥大学卡文迪许研究所的成果，卢瑟福是该研究所的所长。

顺便介绍一下，考克饶夫和沃尔顿的实验也首次验证了爱因斯坦的公式 $E=mc^2$。在这个实验中，反应前的锂原子核与质子的质量之和，比反应后两个锂原子核的质量之和大，并不遵守质量守恒定律。但是，把这一质量差代入爱因斯坦的公式 $E=mc^2$ 换算成能量后发现，它与反应前后动能变化的量是一致的。

2. 青年科学家的决心："四面楚歌，奋起直追！"

这一发现激发了一位日本青年科学家满腔的研究热情。1929 年这位年轻人从大学毕业之后，就以原子核的结构为一项研究课题，从 1932 年开始在解决核力谜题上倾注了长达两年的努力。所谓核力是指把质子和中子结合成原子核的力。不言自明，这位青年科学家就是汤川秀树。

在纪念汤川秀树诞辰100周年之际，我阅读了2007年公开的《汤川秀树日记》（朝日选书），该书生动地记载了汤川在1934年发表介子理论时的内心活动。例如当年元旦他在日记中写下了自己向解决核力谜题发起挑战的决心。

1月1日

无底的深渊在我们的面前张开了它的巨口。

我们必须大胆沉着地进入它的内部一探究竟。

结合质子和中子的力一直都是一个巨大的谜题。提起作用于物质之间的引力，我们脑海中首先浮现出的是万有引力。但是因为引力太弱，所以它不可能是核力。用磁铁靠近金属的曲别针时会将其吸引上来的现象已经告诉我们引力很弱。小小一块磁铁的吸引力都要远远强于整个地球的引力。

那么，明显强于引力的电磁力能解释核力吗？答案也是否定的。与引力不同，电磁力具有排斥力。在只有电磁力的情况下，带有正电的质子不仅不能互相吸引，还会在电荷的排斥力作用下背道而驰。因此，需要考虑存在一种不同于引力和电磁力的新力来揭开原子核之谜。

就在这时，罗马大学的物理学家恩利克·费米提出了弱力理论，“费米子”一词也是由他的名字而来。但是当时尚未明确弱力与核力的区别。因此，汤川秀树阅读了费米的论文后感觉有些焦虑。他意识到费米理论解决了质子和中子之间的核力问题。之后，他在 1934 年 5 月 31 日的日记中写下了自我鼓励的话。

图 3–1 汤川秀树（1907—1981）

四面楚歌，奋起直追！

但是经过一番计算后发现，由费米理论计算出的力太弱，无法担当核力的重任。汤川秀树在自传《旅人》中记录了下面的话。

这个否定结果擦亮了我的双眼。

……我要放弃在已知的粒子中寻找核力。

于是汤川秀树换了一个思路，开始认真思考存在未知粒子传递核力的可能。

3. 汤川秀树预言了传递核力的新粒子

希格斯玻色子也是如此，在现代的基本粒子理论中，物理学家为了解开某个谜题而预言未知粒子的存在并不稀奇。当时科学家们只确认了电子、质子、中子和光子这四种粒子。在这些粒子能够解释所有物质的时代预言新的粒子可能会有心理上的抵触。如果没有信心和勇气，汤川秀树应该不会写出那样的论文来。

在 1934 年的日记中，他于 10 月 9 日写道：

对 γ' ray 进行思考。

“γ”（伽马）是传递电磁力的光子，“ray”指射线，如我们常说的 γ 射线等。在“γ”的右上方加上单引号使之变成“γ'”的意思是像光子那样传递力的新粒子。汤川秀树的核力理论由此诞生。

汤川不仅预言了新粒子的存在，还预测了该粒子的质量。虽然传递电磁力的光子没有质量，并且电磁力的大小与距离的平方成反比，但是电磁力却能够传递到很远的地方。可是，核力的作用仅限于近距离。通过该力的传递距离，汤川计算出了传递核力的粒子的质量。另外，他认为“在宇宙射线中也能找到这种粒子”(《旅人》)。因为汤川预言的新粒子质量介于电子和质子之间，所以被命名为介子。不过，随着后来各种介子的不断涌现，为了加以区别，我们将汤川预言的介子称为 π 介子。

1947 年汤川所预言的粒子被发现，这时距汤川发表论文已经过去了 13 年。因为安第斯山脉和比利牛斯山脉等地的空气比较稀薄，所以来自宇宙的粒子（也就是宇宙射线）到达那里的强度大，布里斯托大学的塞西尔·鲍威尔在那些地方放置了感光板，捕捉到了汤川所预言的 π 介子的轨迹。

两年后，汤川秀树获得了 1949 年的诺贝尔奖。瑞典皇家科学院的院长在授奖仪式上对汤川表达了下面的赞美之词。

你的大脑是实验室，笔和纸是其中的实验器材。

我在小学时代阅读传记的时候看到了这句话，始终铭记于心。汤川博士单凭思考的力量就探明了自然界的奥秘，我为其取得的丰功伟业感动不已，并由此萌生了踏上理论物理学之路的想法。

另外，获得诺贝尔奖对于当时的日本人而言，可能还具有另外一层意义上的惊喜。在战争结束后的第四个年头，贫穷的日本尚不具备兴建大型实验设施的能力。不过，日本人单凭大脑和纸笔就在关键领域轰动了整个科学界。这项诺贝尔奖无疑激发了日本民众的勇气。

4. 日本也建成了高能加速器

但是，此后基本粒子物理学领域迎来了实验研究活跃度胜过理论家研究的时代。这也进一步推动了粒子加速器的迅猛发展。

粒子加速器的原理在我们日常生活中的方方面面都有应用。离我们最近的实例——不，或许应该说是早已过时的一种“应用”——是电视的显像管（当然目前仍有人在使用显像管的电视，但随着薄型电视的普及，它已经沦落为少数派。另外，视频网站 YouTube 的“Tube”指的就是显像管）。

在显像管中，磁铁控制着经电位差加速后的电子的运动。当电子与荧光体发生撞击，就会发射出光，从而显现出图像。因为电子被加速后的速度可以达到光速的30%，所以与其说显像管利用了加速器的原理，不如说利用了“加速器”本身更为贴切。

顺便介绍一下，在显像管中加速的电子的能量约为3万电子伏特。因为与基本粒子实验相关的报道中经常出现“电子伏特”（eV）这个单位，所以我们可以预先了解一下它所代表的意思。1电子伏特是指经1伏特电位差加速后粒子获得的动能。例如用导线把1伏特的干电池与小灯泡或电动机连接的时候，电路中的每个电子都分担着1电子伏特的功率。

另外，这个单位不仅仅表示能量的大小。因为能量可以根据公式 $E=mc^2$ 转换成质量，所以基本粒子物理学中的粒子质量也用电子伏特表示。

不过，因为粒子的微小质量换算成能量后会变成位数庞大的数字，所以会在“eV”的前面加上了K（千）、M（兆）、G（千兆）、T（万亿）等接头词来表示。在日本使用的计数法中，数词是由万、亿、兆和京每隔四位数分节变换的，而欧美地区采用的是三位数分节法，K表示 10^3，M表示 10^6，G表示 10^9，T表示 10^{12}。

例如电子的质量为50万电子伏特（0.5 MeV）。质子的质量为938百万电子伏特（938 MeV），CERN发现的希格斯玻色子的质量为1260亿电子伏特（126 GeV）。

CERN成功检测出希格斯玻色子所使用的加速器LHC的撞击能量目前为8万亿电子伏特（8 TeV），预计两年后将提高到14万亿电子伏特（14 TeV）。为了让加速器拥有如此巨大的能量，是需要费心构思和设计的。

考克饶夫和沃尔顿首次成功完成原子核人工破坏所使用的加速器，因为采用的是利用高电压为其中的粒子进行加速的机制，所以当超过某一电压之后，就会出现“电介质击穿”的现象。电介质击穿像雷一样，一旦达到某个临界值出现了这种情况，电位差就会降下来，从而无法继续为粒子加速。

为了突破这一界限，实验者想到了使用交流电压为粒子加速的方法，就像磁悬浮列车那样让电压随时间发生变化。但是，这里面也有问题。因为要想增加加速器的能量就得延伸加速的距离，所以必须不断扩增加速器的长度。

于是回旋加速器（Cyclotron）应运而生。加利福尼亚大学伯克利分校的欧内斯特·奥兰多·劳伦斯开发出了圆形的加速器，其作用机制是利用磁场让粒子的运动轨迹变为弯曲的圆形，通过多次绕圈旋转来增加距离。回旋加速器大大提高了粒子的撞击能量，检测出了很多新的粒子。劳伦斯因此获得了1939年的诺贝尔奖。

日本理化学研究所的仁科芳雄在劳伦斯的帮助下，于1944年建成了能够产生1600万电子伏特能量的回旋加速器。但遗憾的是，它后来被破坏沉入了东京湾。由于仁科也曾研究过原子弹，二战结束后占领军将加速器与军事研究设备混同在一起，摧毁了它。对于日本的原子核、基本粒子物理学而言，这是一次非常沉重的打击。

5. 理论物理学家无用武之地的“新粒子大丰收”时代

然而在美国，曼哈顿计划的成功使原子核物理学和基本粒子物理学得到了美国政府的大力支持。另外，雷达技术的进步也与物理学家有很密切的关系，因此在美国取得的二战胜利成果中，物理学家贡献卓越。虽然从这个角度看物理学有些令人抵触，但是这门学问支撑着军事技术确实也是事实。据说战后美国曾动用军机接送物理学家出席学术研讨会。

开发出回旋加速器的劳伦斯伯克利国家实验室（LBNL）是基本粒子物理学的研究中心。这里曾涌现出11名诺贝尔奖得主。

我在加利福尼亚大学伯克利分校任教期间，也曾在劳伦斯伯克利国家实验室兼任高级研究员，那里是一处非常令人怀念的研究所。

劳伦斯伯克利国家实验室的Bevatron（高能质子同步稳相加速器）是20世纪50年代至60年代发挥最重要作用的加速器之一。Bevatron的词头“Bev”指的是“BeV”，表示B（billion）电子伏特。因为billion等于10亿，所以它与GeV（10亿电子伏特）的意思相同。顾名思义，这是一个能够产生6 GeV（60亿电子伏特）能量的加速器。

这个加速器的威力轰动了整个物理学学界。第一章曾讲到，发现的粒子多到Σ（西格玛）、Λ（拉姆达）、Ω（欧米伽）、Δ（德尔塔）等希腊字母都不够用了，而带来“新粒子大丰收”的加速器之一就是Bevatron。

Bevatron处于鼎盛时期时在伯克利读研究生，后来成为了诺贝尔奖得主的理论物理学家戴维·格娄斯曾与我有过交流。Kavli IPMU的宣传刊物*IPMU NEWS*还登载过我们的交谈内容，他这样描述当时的情形。

伯克利是基本粒子实验的中心。基本粒子实验好似挖到了金矿，几乎每个月都会发现新粒子……实验物理学进入了令人兴奋的时代，当时实验物理学家掌握着主动权。与之相对，理论物理学家毫无用武之地。

物理学是由“实验物理学家”和“理论物理学家”相互支撑而形成的一门科学。既有理论通过实验验证的情况，也有将实验结果整合为理论的情况。例如，汤川秀树即使使用笔纸预言了介子理论，也是在鲍威尔通过实验验证该理论后，才成为了诺贝尔奖得主的。

但在 Bevatron 大放异彩的时代，实验的成果美不胜收，理论却没能跟上脚步。只要存在很多粒子，就不能认为它们是物质的基本单位。但是，关于解释接连不断发现的粒子的基本单位是什么的理论却没有出现。

6. 夸克是一种具有“反常性质”的基本粒子

当然，在这种混乱的状况下，理论物理学家并没有袖手旁观。他们对众多粒子进行分类，并努力从中找出某种秩序和规律。日本的西岛和彦和坂田昌一也在该领域做出了巨大的贡献。

在这种状况下，加州理工学院的默里·盖尔曼打开了突破口。他所构想出的粒子分类方法可以说是一项伟大的业绩，相当于19世纪门捷列夫制作的元素周期表。在门捷列夫的周期表中，原子是按照原子数（质子的数量）依次排列的，盖尔曼提出的粒子分类方法是利用电荷和奇异数这两个数的组合，对新发现的诸多粒子按照佛教曼陀罗的摆放方式进行分类。实际上，他把这种分类方法称为八正法，这一名称源自佛教修行的八种基本德行“八正道”。

盖尔曼前往纽约演讲的时候，将这种分类方法与新理论进一步联系了起来。在哥伦比亚大学的教员会馆中吃午餐的时候，罗伯特·塞伯教授对盖尔曼这样说道：

“如果粒子由更加基本的单位构成，你的分类能够做出完美的解释吗?”

盖尔曼反问道：“基本粒子的电荷情况如何呢?”塞伯也没有想到这个问题。于是盖尔曼说：“那么，我们就试试看吧。”他随即在纸巾上开始了计算（因为物理学家经常这么干，所以提供餐巾布的高级餐厅需要注意一下他们的需求）。

塞伯的想法是假设存在“up”（u）和“down”（d）这两种基本粒子，质子和中子均由三个基本粒子组成，质子为uud、中子为udd，这与盖尔曼的分类方法有异曲同工之妙。另外，通过加速器实验发现的Δ（德尔塔重子）为uuu和ddd。

那么，这些基本粒子的电荷情况如何呢？

让我们假定质子的电荷为+1。

那么，由于质子为uud，因此两个up和一个down的电荷总和必须为+1。因为udd的中子呈电中性，所以一个up和两个down的电荷应该互相抵消为0。根据鸡兔同笼算法，可以算出up和down的固定电荷。答案是up为$+\frac{2}{3}$，down为$-\frac{1}{3}$。于是质子的电荷确实为+1，中子的电荷为0。

> 让我们核对一下盖尔曼在纸巾上计算的结果！
>
> 因为质子为uud，所以电荷为$\frac{2}{3}+\frac{2}{3}-\frac{1}{3}=1$
>
> 因为中子为udd，所以电荷为$\frac{2}{3}-\frac{1}{3}-\frac{1}{3}=0$
>
> 算得确实没错

这样的结果似乎是投机主义的数字组合，不过电荷的计算连德尔塔重子也是吻合的。该粒子有的电荷为+2，有的电荷为−1，前者为

uuu，后者为 ddd。up 电荷 $+\frac{2}{3}$ 的三倍为 +2，down 电荷 $-\frac{1}{3}$ 的三倍为 −1。因此，结果完全一致。

但是，并非计算对了就万事大吉了。研究普遍认为电荷的最小单位是质子的 +1 和电子的 −1。自然界中的粒子的电荷均是最小单位的整数倍。盖尔曼所在的加州理工学院的第一任校长罗伯特·密立根验证了这一点，并因此获得了 1923 年的诺贝尔奖。质子和中子由具有分数级电荷的粒子构成的说法，无法令人马上信服。

盖尔曼自己对这个计算结果可能感到过困惑。在第二天的演讲中，他这样说道：“这种粒子具有反常（quirk）的性质。”

这是“quark”（夸克）原来的叫法。盖尔曼在阅读詹姆斯·乔伊斯的小说《芬尼根的守灵夜》（*Finnegans Wake*）的时候，发现里面有海鸥发出 3 次“quark”叫声的语句，于是他使用这个词的拼法将构成质子和中子的基本粒子命名为“quark”。顺便介绍一下，从乔伊斯的文章韵律来看，海鸥发出的声音应该读作“quirk”，不知为什么盖尔曼好像很喜欢“quark”的发音。

在科学领域，为新想法起个好名很重要。在加州理工学院获得博士学位之后，刚刚成为 CERN 研究者的乔治·茨威格与盖尔曼同时想到了同样的基本粒子，他将其称之为“Ace”（埃斯）。不过，扑克牌有

4 张埃斯，而不是 3 张。最终，基本粒子的名字采纳了组成质子和中子的“夸克”，没有使用茨威格起的名字。

7. 汤川秀树的 π 介子也是由两个夸克构成的

根据盖尔曼的理论，汤川秀树的 π 介子也不是基本粒子。它与由三个夸克组成的质子和中子不同，是由两个夸克构成的。

善于计算的人可能已经察觉到“两个夸克岂不是无法解释电荷”。无论如何组合电荷为 $+\frac{2}{3}$ 的 up quark（上夸克）和电荷为 $-\frac{1}{3}$ 的 down quark（下夸克），两个夸克的电荷总和都不会是整数。π 介子一共有三种，它们的电荷都是整数（+1、−1 和 0）。

那么，如何才能让两个夸克在电荷上符合逻辑呢？

关于这一点，我在此要对“反粒子”稍作介绍。

随着 1925 年量子力学的确立，出现了很多尝试将其与爱因斯坦的狭义相对论进行组合的人。1928 年剑桥大学的保罗 · 狄拉克写出了联系这两个理论的方程式。

狄拉克的方程式完美诠释了电子的性质。例如，刚才谈论理化学研究所建设回旋加速器的话题时出现的仁科芳雄，他在哥本哈根期间与奥斯卡・克莱因共同使用新诞生的狄拉克方程式，计算出了电子反弹光子的强度。电子的发现者约瑟夫・约翰・汤姆逊在量子力学问世之前所推导出的公式与高能光子的实验结果不符。与之相对，克莱因和仁科使用最新的狄拉克方程式推导出的公式与任意能量的实验结果都完全一致。由此验证了狄拉克方程式的正确性。

不过，在狄拉克方程式的解中，除了具有 −1 电荷的粒子之外，也有电荷为 +1 的粒子。据说狄拉克最初认为它是质子，但是其质量与电子相同，因此并非质量为电子 2000 倍的质子。

1932 年加州理工学院的卡尔・安德森在宇宙射线中发现了狄拉克方程式所预言的电荷为 +1 的粒子。我们都熟知带电粒子经过磁场会发生轨迹弯曲的弗莱明定则，如果换成电荷符号相反的粒子，其弯曲方向也会相反。安德森在来自宇宙的粒子中发现了与电子质量相同、在磁场中弯曲方向相反的粒子。它正是狄拉克方程式所预言的粒子，因为拥有正电荷，所以被命名为“正电子”。

推导出电子方程式的狄拉克获得了 1933 年的诺贝尔奖，发现该方程预言的正电子的安德森成为了 1936 年的诺贝尔奖得主。

后来的研究表明，这并不是电子独有的现象。如果将量子力学原理与爱因斯坦的狭义相对论联系起来，就能预言所有粒子都存在质量相同电荷相反的“反粒子”。例如，质子的电荷为 +1，其反粒子的电荷为 −1。如果依据电子的反粒子叫作正电子的命名方法，质子的反粒子因为带有负电，所以应该叫作负质子，但是如果采用这种叫法就不知道它是带有正电还是带有负电，因此最终称其为“反质子”。该粒子是由劳伦斯伯克利国家实验室的 Bevatron（高能质子同步稳相加速器）发现的。

因为质子中的夸克也遵循量子力学和狭义相对论，所以反上夸克（让我们将其写作 −u）的电荷为 $-\frac{2}{3}$，反下夸克（−d）的电荷为 $+\frac{1}{3}$。例如，反质子的夸克组合为 −u−u−d，电荷为 −1。

只要利用反夸克，就能创造出电荷符合逻辑的介子。例如，u−d 的电荷总和为 +1，−ud 的电荷为 −1。它们正是汤川所预言的 π 介子，都是由夸克和反夸克成对构成的。

但是，如此一来作用于质子和中子之间的核力就不能说是自然界中的基本力了。汤川理论认为是 π 介子将质子和中子结合到一起的，但是，如果 π 介子存在内部结构，那么核力就应该能通过夸克模型从理论上推导出来。作用于夸克之间更为基本的力就是接下来将要介绍的强力。

8. “囚禁”在粒子内部的夸克是如何被确认存在的

在思考这种力之前，我们必须首先验证质子和中子是否真的由夸克这种基本粒子构成。

20 世纪 60 年代的盖尔曼在是否真的存在夸克这种粒子的问题上，一直持有暧昧的态度，甚至曾发表言论称：“夸克只不过是对粒子进行分类的权宜之策。”虽然盖尔曼获得了 1969 年的诺贝尔奖，但是当时仍然没有确认夸克存在与否。因此他获奖的理由不是预言夸克，而是对基本粒子及其相互作用进行分类的研究。同一时期的茨威格也提出了与夸克相同的基本粒子理论，虽然他没能与盖尔曼一同得奖存在种种原因，但我认为主要是因为当时还没有确认夸克的存在。盖尔曼的成就不仅仅是提出了夸克的理论，他所发明的基本粒子分类方法的重要程度可以与 19 世纪门捷列夫发现的元素周期表相匹敌，因此具有单独获奖的价值。

其实，从盖尔曼提出夸克模型开始到现在，我们依然没能单独检测出带有分数电荷的粒子。不过，我们发现了存在夸克的证据。稍微提前透露一下，因为夸克与夸克之间的强力是作为引力起作用的，所以要想从质子等粒子中剥离出夸克需要无穷大的能量（也就是说夸克被囚禁在质子等粒子之中，无法单独检测到它），这是目前的理论解释。

那么，如何才能确认存在被囚禁的夸克呢?

设立于斯坦福大学的 SLAC 国家加速实验室开展了这个实验。那里建造了能够让电子径直移动的直线加速器。斯坦福大学的詹姆斯·布约肯提出了利用这一实验装置发现夸克的构想。他认为就像我们在检查身体的时候使用 X 光观察躯体内部那样，使用电子射线调查质子内部的话，应该能找到其中存在夸克的证据。

布约肯对实验数据进行一番分析之后，提出了质子内部存在“自由转动的粒子”的主张。果真如此的话，质子便拥有内部结构，它是由更为基本的基本粒子构成的。

但是，SLAC 的实验负责人们并不认同他的观点。因为这一数学方法过于复杂以致令人费解。从常理考虑，是无法理解原本被囚禁在质子内部的粒子能够自由活动的。既然被囚禁了，那么就会在强力的作用下保持静止。

不过，某位物理学家顺路来到 SLAC 之后，这种状况发生了巨大的变化。1968 年的夏天，加州理工学院的理查德·费曼在斯坦福大学附近高中做演讲的时候，顺便访问了 SLAC。3 年前费曼与朝永振一郎、朱利安·施温格三人共同获得了诺贝尔奖。稍后会介绍费曼获得诺贝尔奖的原因。

费曼访问 SLAC 的时候，布约肯碰巧外出郊游了，不过费曼并不需要他的解释。据说费曼看了实验数据之后，瞬间理解了其中的意思，并发出“啊!”的一声，然后跪下做祈祷的动作。他的大脑可能已经陷入了与质子内部存在自由活动粒子相关的旋涡之中。

经过一晚的数据分析，次日早晨费曼向 SLAC 的研究者们解释了其中的意思。我们都知道，费曼擅长把复杂困难的事情解释得容易让人理解。他曾标新立异地解释过量子力学，用费曼图揭示了基本粒子的反应。此时，他可能也用非常直观容易理解的话介绍了布约肯提出的复杂困难的数学方法。通过费曼的解释说明，那里的研究者们拨云见日般地理解并接受了布约肯的主张。质子之中确实存在自由转动的粒子。

杰罗姆·弗里德曼、亨利·肯德尔和理查·泰勒开展了该项实验，他们三人获得了 1990 年的诺贝尔奖。

9. 距离越远强度越大的奇妙之力

顺便介绍一下，费曼称这种粒子为“部分子”（parton），具有“部分（part）的粒子”之意。作为他加州理工学院的同事，盖尔曼认为自己已经命名为“夸克”的粒子被这么称呼很没意思。因此费曼从SLAC回去后，就被盖尔曼追问道：“你为什么故意称之为部分子？那应该是夸克吧？”

可是人们后来才知道SLAC的实验所确认的粒子不仅仅是夸克。当然，其中也有夸克，自由转动的粒子数据中还包括传递强力的玻色子——胶子。

因此，面对盖尔曼提出“那应该是夸克吧”的问题时，如果费曼回答说“是的”，那么他就犯错了。既然SLAC实验确认了夸克和胶子，那么费曼谨慎地将其称为“部分子”用以区分夸克的做法，从结果上说是正确的。

无论怎样，我们了解到了质子和中子是具有内部结构的。不过，只要了解到其一，就会有很多新的谜题等着我们，这是该领域常有的事。夸克在强力的作用下被囚禁在质子之中，这种强大的囚禁力量让它无法被单独检测出来。那么，被囚禁的夸克为什么又能在质子内部自由活动呢？这一巨大的谜题拦住了科学家们的去路。

夸克之所以能够在质子内自由活动，是因为夸克与夸克之间的距离在很短的时候，胶子传递的强力几乎没有作用。果真如此的话，似乎可以很容易地使夸克分开，然而实际上这么做则需要无穷大的能量才可以实现。也就是说，我们只能认为将夸克结合在一起的强力具有“距离越远强度越大”的奇妙性质。

这是有悖于以往常识的。因为引力和电磁力都是力的大小与距离的平方成反比，所以靠近就会变强，远离就会变弱。这种性质在直观上也是理所当然的，所以可能没人会觉得不可思议。然而，强力却表现出了远离时变强，靠近时消失的性质。

我们该如何理解这种不可思议的力呢？

10. 当时的基本粒子理论完全不是强力的对手

但是，当时的基本粒子理论研究者没有任何头绪来解释强力的这一性质。正如前面介绍的在 *IPMU NEWS* 中与我对谈的格娄斯所言："理论物理学家毫无用武之地。"格娄斯后来继续回忆道：

> 那是因为理论太无力了。
>
> 面对强力，当时场的量子理论完全束手无策。

所谓"场的量子理论"是指结合量子力学和狭义相对论的理论。此前讲到的狄拉克方程式也是结合这两个理论推导出来的，不过该方程式只把目光集中到了电子的运动上。但是，如果电子在电磁场中移动，电磁场也会受到电子的影响而发生变化。那么，单纯地将量子力学应用于电子就不合理了。于是，1929 年海森堡和泡利提出了适用于电子和电磁场的量子理论。

不过，利用该理论对实验中应该观测到的量进行计算后，出现了无穷大的值，因而大家都不知所措了。因为实验当然会观测出有限的值，所以得出无限大答案的理论错在了无穷大的问题上。尽管如此，理论物理学家并没有放弃，此后又继续研究了将近 20 年。因为他们坚信量子力学和狭义相对论是正确的，所以认为将这两种理论结合在一起的场的量子理论也应该是有意义的。第二次世界大战的硝烟刚消散不久，朱利安·施温格、理查德·费曼和朝永振一郎三人就独立研发出了“重整化”的方法，就此解决了无穷大的问题。使用该理论就可以精密地对电子性质的计算和实验进行比较了。

不过，这一成功的喜悦并没有持续多长时间。虽然场的量子理论和重整化理论可以计算电子和电磁场的关系了，但是仍不知道如何解释劳伦斯伯克利国家实验室的 Bevatron 等加速器陆续发现的新粒子的性质。虽然完成重整化理论的三位科学家获得了 1956 年的诺贝尔奖，但讽刺的是当时场的量子理论在基本粒子物理学中已经不是主流，几乎没有人采用。

11. 黑暗时代的突破——杨－米尔斯理论

在这种“场量子理论的黑暗时代”，杨－米尔斯理论悄悄地撒下了未来发展的种子。

杨振宁在抗日战争时期接受中国大学教育。1937 年日本侵华部队占领天津后，北京大学、清华大学和南开大学纷纷迁至云南省，这三所高校共同组建成西南联合大学，继续开展研究和教育。杨振宁的父亲作为清华大学的数学教授也和家人一起搬到了西南联合大学，杨振宁自己也是在该所院校内学习的数学和物理。战争结束后，他就前往美国的芝加哥大学留学了。

从在西南联合大学和芝加哥大学上学的时候起，杨振宁就酝酿着扩展麦克斯韦电磁理论的构想。这个想法最初开始于 1915 年爱因斯坦完成的广义相对论。数学家赫尔曼·外尔研究该理论后发现了广义相对论和麦克斯韦电磁理论的相似之处，并阐明了这两种理论背后具有美丽的数学结构。杨振宁听说此事之后认为应该仍然存在其他类似的理论，可是各种尝试都以失败收场。回忆起当时的情形，杨振宁这样说道：

看似非常棒的想法经过多次努力后都以失败告终。那些草稿纸要么被我扔掉，要么被闲置于书架之上。不过，其中也有我始终放不下的东西。这种执着有时会带来好的结果。

1954 年，杨振宁在位于纽约郊外的布鲁克海文国家实验室（BNL）把他的想法告诉了自己的室友罗伯特·米尔斯。于是他们二人共同向这一构想发起了挑战，终于实现了杨振宁的梦想。

杨振宁和米尔斯想出的理论如下。

根据麦克斯韦的电磁理论，存在电场或磁场的时候，如果有带电粒子从其中通过，那么粒子的运动就会在电磁场的影响下发生变化。例如，带电粒子从电场中通过，粒子会在电场的方向（如果粒子带负电，就是电场的反方向）上加速。磁场也可以让带电粒子的运动发生变化。例如，在安德森发现正电子的实验中，正电子的轨迹在磁场中发生弯曲的方向非常重要。

杨－米尔斯理论也涉及类似于电场和磁场那样的场，不过该理论的场不仅会改变粒子的运动状态，还会使粒子的种类发生变化。例如，存在一个与电场相对应的杨－米尔斯场，如果有粒子从其中通过，粒子就会加速运动，而且从这种场出来之后粒子的种类也发生了变化。

该理论恰好可以用于解释弱力。前言中曾介绍过，弱力可以让中子变为质子，该过程中释放出的电子就是源自铯 137 的 β 射线的真相。这种由“力”引起的反应可能会令你感到奇妙，不过只要有杨－米尔斯场的参与，就能自然地对其进行解释说明了。实际上，从下一章开始我就将讲述杨－米尔斯理论阐明弱力作用机制的历史。

不过，杨振宁和米尔斯在提出这样的理论时，并没有把弱力的应用放在心上。如前文所述，杨振宁是受到了数学家外尔的启发，从而开始转向构筑该理论的。他的出发点是纯粹的数学问题。

连杨振宁和米尔斯本人都没有想到，杨－米尔斯理论的应用不仅仅能够诠释弱力，该理论还能对本章中强力的奇妙性质做出解释。

12. 没有质量的粒子？泡利先生的严厉质问

其实，并非仅有杨振宁和米尔斯两个人想出了这样的理论。据说日本人内山龙雄在 1954 年之前就完成了相同的理论。但是，他从当年秋天开始便要到普林斯顿高等研究院去出差，所以他认为等到了美国以后再写论文会更具有影响力。

然而，他到了普林斯顿之后，就听说杨振宁和米尔斯已经完成了相关论文了。实际上，他们的论文是在 1954 年 6 月投稿，10 月份发表在权威物理学杂志《物理快报》上的。因此，内山龙雄放弃了论文的撰写。后来被问到为什么没有主张那是自己的独立发现时，内山回答说：“作为一名日本武士，我不屑于那么做。”

曾经如此接近该理论的并非内山一人。为量子力学的确立及基本粒子理论的发展做出巨大贡献的泡利也于 1953 年完成了相同的理论。

这种多名研究者几乎同时想到同一观点的情况，此后本书中还会出现多次。这正是当时那种时代精神的反映。没有直接交流的研究者在所处时代的问题意识及技术限制下，经常会出现同时获得新发现的情况。

泡利完成相同理论后也没有发表论文，因为他觉得该理论似乎预言了“没有质量的粒子”。

麦克斯韦理论预言了电磁波的存在。后来发现电磁波是一种叫作光子的粒子，而且这种粒子没有质量。因为杨－米尔斯理论是对麦克斯韦理论的补充，所以该理论预言了类似于光子的没有质量的粒子。这种没有质量的粒子就是传递强力的胶子，可是当时人们还不知道除了光子以外的其他没有质量的粒子。因此，泡利认为预言了这种粒子的理论仍有缺陷，也就没有发表自己的论文。

杨振宁在普林斯顿高等研究院出席关于新理论的研讨会时，泡利作为听众坐在了第一排。泡利是令人敬畏的基本粒子理论专家，也是一位著名的批判家。如果能得到他的认可，就可以说“得到了泡利先生的批准”，他就是这么一位极具权威的物理学家。他单是坐在那里可能就已经给杨振宁带来了巨大的压力。

果不其然，杨振宁刚一开始讲话，泡利就提出了下面的问题。

该理论所预言的粒子质量如何？

当然，他自己已经知道答案才这么问的。杨振宁也发现了这个问题，于是回答说："关于这一点，目前还没有定论。"但是泡利接着说道："这可不能算是回答了我的问题。"他试图不让杨振宁继续讲下去。由于这将导致研讨会就此搁浅，据说罗伯特·奥本海默院长（第二次世界大战曼哈顿计划的领导者，被誉为"原子弹之父"）从中插了一句道："好了，不管怎样我们先听到最后吧。"

泡利的质问绝对不是因为悔恨而故意刁难杨振宁。他只是针对该理论的本质提出了一个重要的问题。杨振宁和米尔斯也深知这一点，于是在论文的最后写道："因为该理论在预言没有质量的粒子上存在缺陷，所以有必要添加一些要素。"

让我们在这里简单整理一下几个问题吧。

前言中也曾讲到，基本粒子的标准模型认为电磁力、强力和弱力原本是都能用同一理论进行解释的三胞胎。这个"同一理论"其实就是杨－米尔斯理论。于是该理论也对强力和弱力预言了像电磁力的光子一样"没有质量的粒子"。但是，除了光子以外，实验发现的基本粒子全都具有质量。正如泡利所指出的问题，当把杨－米尔斯理论当作基本粒子理论使用的时候，我们需要去思考没有质量的粒子是怎样一种情况。

从结论来讲，我们了解到杨－米尔斯理论可以适用于强力和弱力。但是，泡利所提问题的解答，却指向了与强力和弱力完全不同的东西。

13. 红、蓝、绿，强力可以改变夸克的颜色?!

关于弱力的问题暂且放一放，我先在这里解释一下强力方面泡利提出的问题是如何解决的。要想利用杨－米尔斯理论来解释强力，首先必须了解关于夸克颜色的背景知识。

前文已经讲过，质子、中子以及 Δ 重子等粒子均由上夸克（u）和下夸克（d）这两种夸克组合而成。质子为 uud，中子为 udd，Δ 重子为 uuu 或 ddd。然而，经过仔细研究夸克模型之后发现，若想解释 Δ 重子的性质，必须使其中的三个夸克重合且处于同一状态。因为夸克是组成物质的粒子，所以它属于费米子。既然是费米子，那么应该无法出现多个粒子处于同一状态的情况。因此三个夸克在 Δ 重子中处于同一状态的说法本身就是矛盾的。

为了解决这一矛盾，有人提出了下面的设想。上夸克和下夸克并非各自只有一种。同是上夸克其实也存在三种不同的粒子，能够对其进行区分。1964 年奥斯卡·格林柏格初步发表了这一观点，次年南部阳一郎和韩武荣以更加明确的形式提出了夸克有三种的说法。

为了区分三种上夸克和三种下夸克，研究者分别赋予它们红、蓝、绿的名字。当然，因为基本粒子是点，所以夸克不能真的用颜色进行分类，况且三种粒子的性质都相同。但是，这样能够对其进行区分。例如，等边三角形具有性质完全相同的三个顶点，只要把它们分别命名为顶点 A、顶点 B 和顶点 C 就能对其进行区分了。夸克的红、蓝、绿与等边三角形的顶点 A、B、C 类似，都是用于区别彼此而已，颜色并没有什么特殊的含义。换作道教的福、禄、寿，或是花纸牌的猪、鹿、蝶也是可以的。只要是能够区分 Δ 重子中的三个夸克，名字是什么都无所谓。

为夸克起了加以区分的名字后，刚才提到的 Δ 重子 uuu 其实变成了 u（红）、u（蓝）、u（绿）的组合，于是消除了与费米子“两个相同粒子不能处于同一状态”的性质之间的矛盾。虽然 uuu 具有三个相同的 u，但由于 u（红）、u（蓝）、u（绿）其实由三种不同颜色的粒子组成，因此与夸克是费米子的事实并不矛盾。

这种说法可能听起来像是迫不得已的辩解，可是夸克具有颜色的观点对于解释强力的作用机制也是非常重要的。南部阳一郎和韩武荣在论文中不仅仅提出了夸克具有颜色的观点，也指出了利用颜色解释夸克之间强力的可能性。

前文已经介绍过，如果存在电磁场，其中的波就会以电磁波的形式进行传递，它的最小单位为叫作光子的玻色子。另外，带电粒子间的电磁力则源于光子的交换。一个带电粒子释放出光子，另外一个粒子吸收该光子后，就完成了电磁力的传递。同理，当利用杨 – 米尔斯理论解释强力的时候，叫作胶子的玻色子就会以杨 – 米尔斯场的波的最小单位出现，并完成强力的传递。

于是，我们可以这么解释被囚禁在粒子之中的夸克。假设 Δ 重子之中含有三种颜色的夸克 u（红）、u（蓝）、u（绿）。当 u（红）释放出胶子时，其颜色就会发生变化。另外，该胶子被其他夸克吸收后，其颜色也会发生变化。胶子的交换不仅改变了夸克的颜色，还产生出了夸克间的引力作用。

综上所述，考虑到夸克有颜色，且其间存在杨 – 米尔斯场的作用，就出现了可以解释囚禁夸克的强力的可能性。

14. 天才霍夫特发现的“负号”的意义

那么，杨－米尔斯理论真的能够解释强力的性质吗？

夸克携带的电荷为 $+\frac{2}{3}$ 或 $-\frac{1}{3}$，因为自然界中尚未发现这种粒子，所以夸克必然被强力作用紧紧地囚禁于质子、中子和介子等粒子内部，绝不外溢。然而，SLAC 的实验结果显示，质子中的夸克仿佛不受力的束缚，可以自由转动。

另外，根据杨－米尔斯理论，可以想到传递强力的胶子是类似于电磁场的光子那种没有质量的玻色子。但是当时还没有发现光子以外的没有质量的玻色子。到底为什么没有发现夸克和胶子呢？

因此，为了将杨－米尔斯理论应用于强力，就要先解决掉堆积如山的问题。

而且，当时（20 世纪 60 年代）尚未确立使用杨－米尔斯理论对作用于夸克之间的力进行计算的方法。

正如前文引用格娄斯的话所讲的那样，20 世纪 60 年代的场量子理论并不是基本粒子理论的主流。但是，它并没有被人们完全摒弃，仍有少数科学家继续从事该理论的研究工作。其中之一便是荷兰物理学家马丁努斯·韦尔特曼。他认为发展杨－米尔斯理论至关重要，并试图将朝永振一郎等人创立的“重整化”方法应用于杨－米尔斯理论。

不过，这是一个极其难解的数学问题，因此韦尔特曼一个人无法独自应对。但是，此时出现了一位天才，他就是赫拉尔杜斯·霍夫特。作为一名研究生，霍夫特进入了荷兰乌得勒支大学的韦尔特曼研究室。凭借自己卓越的数学才能，他成功地完成了被认为不可能实现的杨－米尔斯理论的“重整化”。此前只能在电磁场中使用的重整化理论终于也可以在杨－米尔斯场中使用了。这可谓物理学领域的巨大进步。

图 3-2　赫拉尔杜斯·霍夫特（1946—　）与马丁努斯·韦尔特曼（1931—　）

霍夫特的惊人之举并未就此结束。1972年的一天，他前往马赛出席国际会议，在机场碰到了联邦德国的物理学家西曼齐克。当时西曼齐克是场量子理论领域著名的大师，在前往会场的路上，他对霍夫特说了这样的话：

“夸克明明被强力囚禁在粒子内部，然而SLAC的实验却发现它能够自由转动，这真是令人不可思议啊。我利用所有我能想到的场的量子理论尝试了多次计算，发现不管怎样只要距离变短力就变强。因此我的计算结果无法解释SLAC的实验结果。”

听西曼齐克这么一说，霍夫特立即取出笔记本给他看，并问道：

“利用杨－米尔斯理论进行计算，会得到这样的算式，它有什么意义吗?”

那是一个连西曼齐克都没有见过的算式。由于杨－米尔斯理论的重整化计算刚刚完成，大师西曼齐克还没有接触过。恐怕除了霍夫特之外，几乎没人能计算出来。

“这个符号是负号吧？霍夫特先生!”西曼齐克惊讶地说道，“如果它真是负号的话，就能用杨－米尔斯理论来解释SLAC的实验结果了！这可真是一个伟大的发现！如果仔细确认后没有问题，就应该立即发表。如果你不发表，别人就会发表的!”

这个“负号”意味着强力“渐近自由”的性质。引力和电磁力都是距离越远力越弱，强力却是距离越远力越强、距离越近力越弱（也就是说，粒子会更加自由）。霍夫特的算式中的负号表明了强力的这一性质。

但是，霍夫特并没有发表关于这一发现的论文。我想并不是因为他不了解事情之重大，而是因为当时他正热衷于把杨 – 米尔斯理论的重整化扩展到引力理论的研究工作中，这一野心导致其没有时间撰写论文。虽然后来霍夫特在马赛的国际会议上把表示杨 – 米尔斯理论渐近自由的算式写到了黑板上，但是唯一理解其意义的西曼齐克已经于1983年去世了。

15. 全体成员获得诺贝尔奖

正如西曼齐克所言，次年，也就是1973年有其他研究者再次发现了这个“负号”算式，并发表了相关论文。他们就是哈佛大学的研究生戴维 · 波利泽、普林斯顿大学的副教授戴维 · 格娄斯（在 *IPMU NEWS* 中与我对谈的那位）和刚刚成为副教授的弗朗克 · 韦尔切克

（格娄斯先生第一批研究生中的一位）。

不过，当时格娄斯说："我坚信场的量子理论无法解释强力。"因此，为了证明不存在具有渐进自由性质的场量子理论，他尝试了各种各样的计算。作为收尾工作，他最后投入到了用杨－米尔斯理论进行计算的研究中。

波利泽在请教导师悉尼·科尔曼的同时也致力于同样的计算工作。因为波利泽的计算结果是跟霍夫特相同的负号，所以他立即与科尔曼取得了联系。当时正在休假的科尔曼，正好在普林斯顿大学那里。因此他就在那里盯着格娄斯和韦尔切克进行同样的计算。

图 3–3 戴维·格娄斯（1941— ）、弗朗克·韦尔切克、（1951— ）和戴维·波利泽（1949— ）

接到波利泽的电话后，科尔曼给出了这样的指导意见："请重新再算一遍。”由于这个计算极其繁琐复杂，到最后得出符号准确无误的答案并非易事。我想我们任何人都有在数学计算题中弄错正负号的经历，在计算杨－米尔斯理论的时候，即便是专家也很可能犯同样的错误。

按照导师的建议，波利泽隐居深山用一周的时间重新计算了一遍。但是，符号仍然是负号。

“老师，符号绝对是负的。”

当他再次联系科尔曼的时候，格娄斯和韦尔切克也确信符号为负的，而且已经写完论文投稿了。得知此事之后，波利泽也急忙动笔撰写论文。展开激烈竞争的两篇论文最终被登载到了同一期的《物理评论快报》(*Physical Review Letters*)上。于是渐进自由性质的发现使杨－米尔斯理论是解释强力的正确理论的说法得到了认可。

如果是基本粒子理论专业的研究生，那不管是谁，都应该亲自计算证明一次渐进自由。如果不能通过这一考验，就得不到该领域的“秘诀”。我在读研一的时候，自己买了一本新的笔记本后就钻进公寓，重现了这一经典的计算过程。我现在依然珍藏着那个本子。

然而，过了很久这一价值连城的发现都没有获得诺贝尔奖。可能是因为诺贝尔奖规定获奖者人数上限为三人。虽然发表论文的研究者正好为三人，但实际上在此之前是霍夫特发现了这一性质。应该如何对待霍夫特的问题一直困扰着评选委员会。

最终，1999 年霍夫特和韦尔特曼率先获得了二人共享的诺贝尔奖。他们的获奖理由并不是发现渐进自由的性质，而是“杨－米尔斯理论的重整化”。五年后（2004 年），波利泽、格娄斯和韦尔切克三人因“发现渐进自由的性质”而获得了诺贝尔奖。30 多年前的发现，让参与该发现的全员都变成了诺贝尔奖得主。

16. 自身也被囚禁的胶子

距离越远力越强的强力之谜终于就此解开。在强力作用下紧密结合的夸克被囚禁于质子、中子和介子等粒子内部，若想取出夸克需要无穷大的能量。另外，因为距离越近力越弱，所以夸克在质子等粒子内部自由转动的性质也得到了解释。

由此，夸克模型得以确立。模型明确了质子和中子等重子由 3 个夸克构成，介子由夸克和反夸克成对组成。另外，还发现了质子和中子的大部分质量源自强力作用产生的囚禁夸克的能量。

于是，这也明确了汤川秀树的介子理论的地位。因为质子、中子和介子均由夸克构成，所以在质子和中子之间来往传递核力的介子也应该可以通过夸克和作用其间的强力进行解释。南部阳一郎在其著作《夸克》中写过“无法奢望”的字眼，可见这是多么难解的课题。不过，青木慎也、初田哲男和石井理修于2007年使用最新的超级计算机，成功推导出了核力的数值。核力不是自然界中的基本力，而是由强力推导出的二级力。英国的科学杂志《自然》（*Nature*）将他们的研究成果和山中伸弥等人开发出的iPS细胞培养技术等一起选为2007年度最重要的研究，并把这些科研突破赞誉为“计算和理论的伟大胜利”。

顺便介绍一下，之所以将传递强力的粒子命名为“胶子”，是因为它如同胶水一般黏合囚禁着夸克。但是，SLAC的实验结果显示，不仅仅是夸克，就连胶子自身也被囚禁在重子内部，看上去它们在质子内部可以自由活动。这是为什么呢?

前文曾讲过，夸克具有红、蓝和绿3种颜色。在强力的作用下，夸克的颜色会发生变化。这一性质对于囚禁夸克相当重要。

根据杨－米尔斯理论，胶子自身也具有颜色。更加准确地讲，胶子的颜色不是夸克那种红、蓝、绿的单一颜色，而是【红→蓝】、【蓝→绿】等两种颜色的色组。红色的夸克释放出【红→蓝】的胶子后，就会变成蓝色的夸克。夸克的变化方式取决于胶子的色组。

既然胶子自身也具有色组，那么从理论上讲胶子之间也可以表现出存在强力作用的性质。胶子不仅仅囚禁着夸克，还互相影响着其他胶子囚禁着自身。虽然根据渐进自由的性质原理，夸克和胶子都可以在质子等粒子内部自由活动，但是它们全都无法逃到粒子外部。

如果顺着这个思路思考，1954 年泡利质问杨振宁的问题也会得到解决。杨 – 米尔斯理论预言“没有质量的粒子”被视为一个问题点。但是，只要该粒子被囚禁在质子等粒子内部无法观测到就不存在矛盾了。正如理论所预言的那样，胶子是没有质量的，是不能取出的。

只是这种囚禁的性质还没有得到严密的证明。虽然使用超级计算机已经通过数值计算确认了夸克和胶子被囚禁在粒子内部的现象，但是数学上还没有明确的定论。

这是一个极其难以证明的问题，它被命名为“杨 – 米尔斯规范场存在性和质量缺口假设”，与著名的庞加莱猜想、黎曼假设等难题一起被克雷数学研究列为 2000 年发表的七大“千禧年大奖难题”。目前仍然没有人领取解决这一难题的 100 万美元的奖赏。从这层意思上讲，杨振宁面对泡利的质问时所给出的“关于这一点，目前还没有定论”的回答，可以说是一名科学家做出的贴切并坦诚的回应。

第四章

上帝是个左撇子

——弱力的乖僻性质

强力可以用杨－米尔斯理论来解释说明。但是，弱力用一般方法是无法说通的。因为传递弱力的 W 玻色子和 Z 玻色子，电子和夸克都是具有质量的粒子，所以无法将杨－米尔斯理论应用于弱力。而且“宇称不守恒”的巨大谜题也是该领域的拦路虎。让我们一起在本章感受“发现对称性自发破缺”这场基本粒子物理学的革命前夜吧。

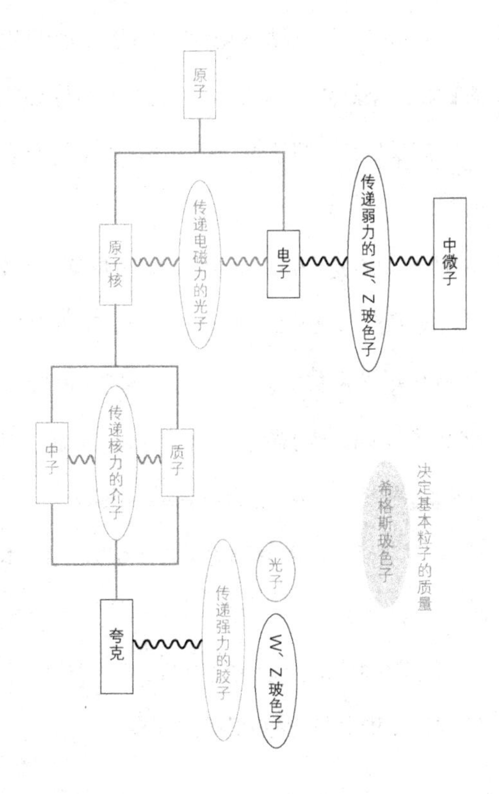

1. 强力与弱力的关系恰似“美女与野兽”

法国作家珍妮－玛丽·勒普兰斯·德博蒙于 1757 年发表的《美女与野兽》是一部被众多音乐、戏剧、电影等题材广泛引用的童话杰作。故事的主要情节为心地善良的“美女”贝儿为救父亲与恐怖的“野兽”同居一座城堡。后来贝儿的爱让野兽挣脱魔法的束缚变成了优秀的王子。

我认为强力与弱力的关系和“美女与野兽”的关系十分相似。

杨－米尔斯理论继承了麦克斯韦的电磁理论和爱因斯坦的广义相对论的数学结构，物理学家和数学家都见证了它的美。前文已经介绍过，它与庞加莱猜想、黎曼假设一同被列为“千禧年大奖难题”。在被视为数学界诺贝尔奖的菲尔兹奖得主中，也有很多人在研究杨－米尔斯理论。

直接用杨－米尔斯理论进行解释的强力，可以原原本本地表现出它的美。

然而，弱力的美在很长的一段时期内都是不明确的。希格斯场的魔法把弱力变成野兽模样，把它的美隐藏了起来。

不过，解开希格斯场魔法的相关内容要等到下一章之后。本章我们将先直接观察解开魔法前的弱力的模样。

2. 在原子核中能量守恒定律不成立？

此前已经讲过，弱力与射线有着十分密切的关系。例如铯 137 在弱力的作用下会变成钡 137，并在该过程中释放出电子（β 射线）。如此得到的钡的原子核由于中子突然变成质子，所以往往会处于不稳定的状态。因此只有通过电磁波（γ 射线）释放出能量，才能最终变为稳定的原子核。β 射线和 γ 射线都会给人体带来不好的影响。

像这种原子核释放电子（β 射线）的现象叫作“β 衰变”。

之所以发生 β 衰变，是因为铯原子核中的中子过多，与质子的数量失衡。质子携带正电荷，所以会互相排斥。因此，为了让原子核保持稳定，中子的数量稍微多一些才是比较好的状态。但是即便如此，铯 137 中的中子也过于多了。所以，其中的一个中子在弱力作用下转变为质子，并在该过程中释放出电子。为了维持电荷的守恒，呈“电中性”的中子如果不释放出电子就无法变成带正电的质子。

但是，经过测定 β 衰变释放的电子的动能，却发现了一个重大的问题。

最初原子核之所以会释放出带有高能量的电子，是因为反应前的原子核质量比反应后的原子核及释放出的电子质量总和大。反应前后质量并不守恒。根据爱因斯坦的公式 $E=mc^2$，这里的质量之差应该可以转换成能量。这些能量也被认为会成为电子的动能，电子在这些高能量的作用下从原子核中飞奔而出。

然而，经实际测量原子核释放出的电子的动能后发现，它比上述能量之差要小。因此，能量的账面是对不上的。连尼尔斯·玻尔这么权威的人物都说出了在原子核中能量守恒定律似乎不成立的话，可以说物理学危机临头了。

3. 期盼已久的中微子终于到来

已经在本书中出现多次的泡利提出了解决这一问题的构想。但是，他本人觉得自己的想法过于荒唐，因而没有撰写论文发表。不过，他还是向出席德国图宾根会议的物理学家们寄送了著名的公开信（此处引用的是精简编辑后的内容)。

携带核能的女士们、先生们:

为了拯救能量守恒定律，我想出了一个极端的对策。那就是可能存在呈电中性的费米子。β 衰变的时候，如果原子核释放出电子的同时也释放出这种未知粒子的话，能量就说得通了。不过，因为我没有发表论文的自信，所以我想向携带核能的各位咨询一下，是否可以观测到这种粒子。

提起泡利，大家首先会想到他是那个批判杨－米尔斯理论预言“没有质量的粒子”的人物。不过，泡利自身也是一个严格要求自己的人，寄送公开信的次年，泡利在访问加州理工学院的时候感叹道:“我做了一件十分荒唐的事。假设了无法观测的粒子。”离婚也导致泡利患上了严重的神经衰弱，他甚至接受了精神分析理论的鼻祖卡尔·荣格的治疗。

但是，1934 年费米采纳了泡利的想法，发表了 β 衰变的理论。还记得上一章曾讲过汤川秀树读到费米的理论时感到了焦急吧？其实那篇论文就是与 β 衰变相关的论文。

费米将这种粒子命名为“中微子”（neutrino）。因为该粒子呈电中性，所以泡利曾称其为中子（neutron），但是由于这个名称已经用于查德威克发现的新粒子，因此将其后面加上意大利语意为“小不点”的词尾“ino”就变成了中微子（neutrino）。在日本也有人将其译为“中性微子”。

图 4–1　沃尔夫冈·泡利（1900—1958）

因为费米的 β 衰变理论完美诠释了实验结果，所以存在中微子的观点也顺理成章地被人们接受了。

从泡利开始预言这种粒子起，经过了将近 30 年的时间才确认了它的存在。1956 年美国的弗雷德里克·莱因斯和克莱德·科温使核反应堆放射的中微子融入 200 升的镉盐溶液，从而观测弱力的反应。对于当时而言，200 升的水槽是一个相当大的实验装置。因为只有弱力作用于中微子，所以如果不事先准备如此巨大的目标，就不会发生充分的反应。

莱茵斯和科温观测到中微子后，立即给泡利发去了电报。当时泡利正在出席 CERN 的会议，他一接到电报就中断了会议，公布了莱茵斯和科温的实验结果。然后，泡利打了一份回复他们的电报。

期盼之人只为能够等待的人而来。

两年后，泡利离开了人世。过了39年莱茵斯才获得了1995年的诺贝尔奖。遗憾的是和他共同发现中微子的科温在21年前就去世了。

泡利预言的中微子被发现后，β 衰变前后的能量守恒也就变得明朗了。β 衰变是中子变化成【质子 + 电子 + 中微子】的现象。

其实 β 衰变过程中出现的并非我现在提到的术语所代表的中微子，而是它的反粒子反中微子。也就是说，正确的写法是【中子→质子 + 电子 + 反中微子】。

那么，既然存在这样的反应，就可以预想出在同样的弱力作用下也会发生【中子 + 中微子→质子 + 电子】这种反应，如图4-2所示。另外，实验也确实确认了这种反应的存在。下面我将介绍这两种反应间的关系，由于内容比较琐碎，如果你觉得理解起来费劲的话，直接跳读到第96页之后也没有关系。

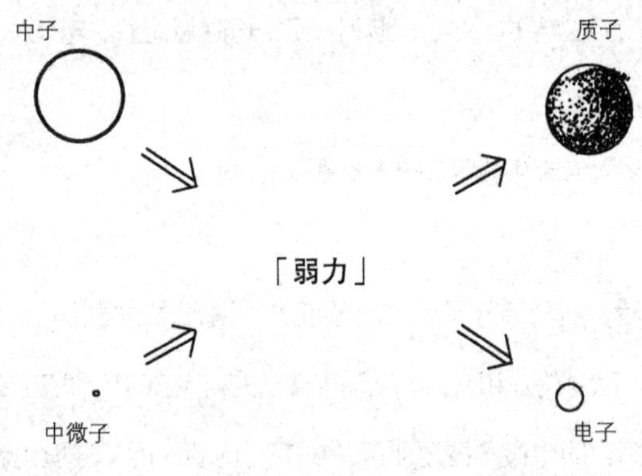

图 4-2　弱力发挥作用时，粒子的类型就会发生变化

上一章讲到，如果将量子力学和狭义相对论组合起来，就能预言所有粒子都具有质量相同电荷相反的反粒子。例如，电子的反粒子叫作正电子，它带有与电子相反的正电。而且，电子与正电子相遇后会发生“湮灭”反应，导致二者立即消失。同理，中微子与反中微子也会发生湮灭反应。

那么，要想解释【中子 + 中微子→质子 + 电子】这种变化，让我们先关注一下其最初的状态【中子 + 中微子】。中子可以根据 β 衰变的【质子 + 电子 + 反中微子】这种反应产生。但是，现在因为另外还存在一个中微子，所以加上它之后反应就变成了【质子 + 电子 + 反中微子 + 中微子】。当反中微子与中微子发生湮灭，就会出现我们所期待的【中子 + 中微子→质子 + 电子】这一反应。

不过，中子和质子并不是“基本粒子”。它们具有内部结构，分别由三个夸克组成。因此弱力也并非“使中子发生了变化”，或许应该认为它对夸克发挥了作用。因为中子的夸克组合为 udd，质子为 uud，所以只要中子的两个下夸克（d）中的一个变成上夸克（u），中子就会变为质子。也就是说，在夸克的层面上弱力作用可以表现为【下夸克 + 中微子→上夸克 + 电子】（图 4–3）。

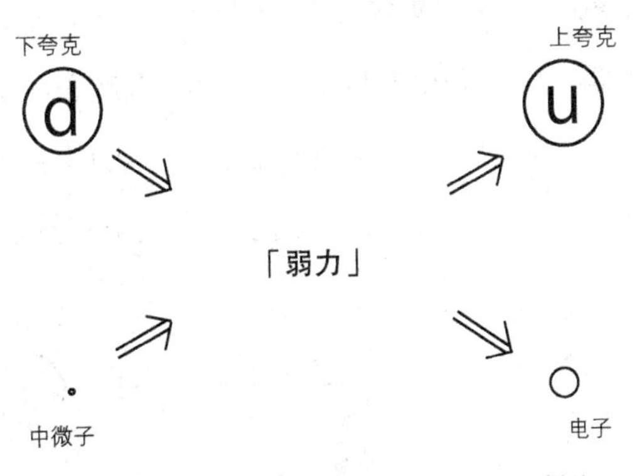

图 4–3　在夸克的层面上看，弱力的作用是这样的

费米想出的弱力理论认为，两个费米子如此变化成了其他种类的两个费米子。但是，费米的理论中存在一个问题。由于该理论是用场量子论的语言书写的，当像电磁场那样用量子力学的原理进行计算时，

应该与实验进行比较的量会变成无穷大。朝永振一郎等人研发的重整化方法解决了电磁场中无穷大的问题，可是我们立马发现费米理论使用不了该方法。因此，修正费米理论的必要性应运而生。

为了解决这一难题，有人提到了传递弱力的玻色子。传递电磁力的玻色子为光子，正是它的存在才让重整化理论顺利应用。因此，该想法认为，弱力也是靠粒子交换玻色子来实现力的传递。充当媒介的粒子就是后来被发现的 W 玻色子及 Z 玻色子。

那么，就让我们使用 W 玻色子来思考一下刚才的反应吧。为了让读者容易理解，我在这里使用费曼创立的费曼图进行解释说明。在图 4-4 中，下夸克释放出一个 W 玻色子之后，会变成上夸克。吸收这个 W 玻色子的中微子将变成电子。这就是弱力作用引起的变化。

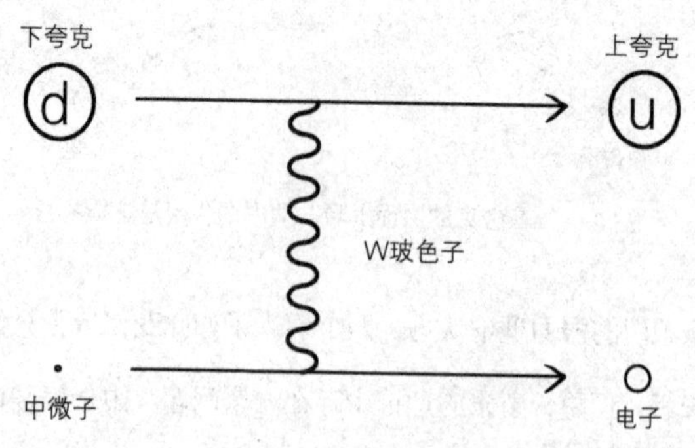

图 4-4　与电磁力由光子传递类似，弱力靠 W 玻色子进行传递

4. 每个年级各分三个班的六年制夸克小学

为了进一步理解弱力的作用方式，我不得不再稍微详细点介绍一下夸克。

此前已经介绍过，夸克共有两种，分别为“上夸克”和“下夸克”。因为质子、中子以及传递其间核力的 π 介子均由上夸克和下夸克这两种夸克组成，所以用这些内容来解释物质的构成应该已经足够了。

但是，我们发现除此之外实际上还存在另外四种夸克，一共有六种夸克。

通过宇宙射线的观测和加速器实验，我们陆续检测出了包含奇夸克、粲夸克、底夸克和顶夸克等夸克的强子（质子、中子、介子等由夸克组成的粒子）。

不过，夸克的分类方法并非仅此而已。如上一章所述，即使同一夸克也存在红、蓝、绿的“颜色”区别。把这种分类方法比喻成小学的分班或许容易理解一些。

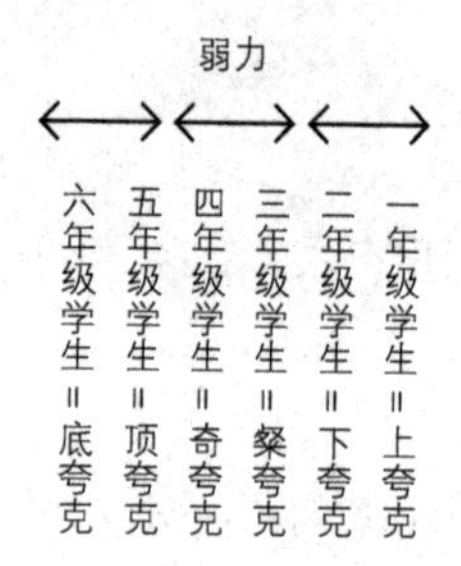

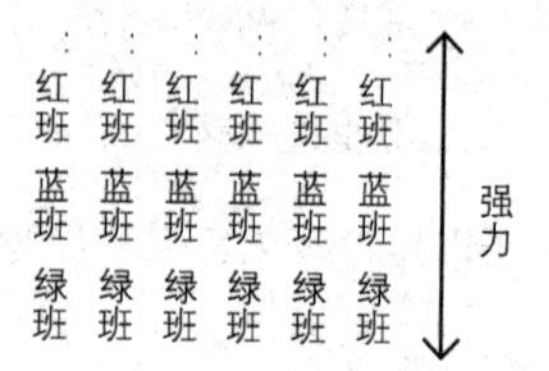

如上图所示，这个小学共有六个年级，每个年级各分三个班（下一节会介绍强力和弱力的箭头所表示的意思）。

5. 弱力可以更换夸克的“年级”

以上内容已经对夸克的分类进行了梳理，接下来让我们思考一下强力和弱力的区别。强力能够改变的仅为各年级的红、蓝、绿的

“班”。它能够使红班变为蓝班、蓝班变为绿班，但不能更改“年级”。

与之相对，弱力不能改变“班”，却能更改“年级”。例如，在【中子→质子】的变化中，是下夸克变成了上夸克。在这里相当于二年级学生变成了一年级学生。

因为同一“年级”的粒子具有相同的质量和性质，所以我认为强力作用是比较容易理解的。如上一章所述，夸克的红、蓝、绿类似于等边三角形顶点的命名。因为将等边三角形旋转120度就能更换顶点，所以并不是什么大的变化。小学一般也是每年都要“换班”的。

不过，小学基本不会交换“年级”。只有弱力会心安理得地引发这种现象。因为不同“年级”的粒子也具有不同的质量和电荷，所以一旦发生交换马上就会被发现。性质不同的粒子发生交换的现象是弱力的一大特征。进一步说的话，这就类似于夸克小学的跳级和留级。

另外，读者中也可能有人听说过夸克世代的说法。第一代夸克是一年级学生和二年级学生，第二代为三年级学生和四年级学生，第三代为五年级学生和六年级学生。也就是说，夸克的代指的是小学的低年级、中年级和高年级。之所以每两个年级称为一代，是因为弱力交换粒子的作用是发生在同一代的两个年级之间的（同一代夸克）。

6. 弱力也可以交换初中生和高中生

弱力不仅仅能够交换夸克，还可以交换中微子和电子，虽然它们也是质量和电荷各不相同。顾名思义，中微子是呈电中性的，而电子的电荷为 -1。

夸克一共有六种，电子和中微子也被发现各有三种。例如，与电子带有相同电荷、质量不同的粒子有渺子（muon，μ 子）和陶子（tauon，τ 子）。另外，还存在与电子、渺子和陶子分别对应的中微子，它们分别叫作电子中微子、μ 子中微子和 τ 子中微子。

因为夸克共有六种，所以将其比喻为小学的六个年级，而电子和中微子各有三种，因此可能将其比喻为初中和高中比较好。

弱力 ↕			
	初一学生 = 电子	初二学生 = μ 子	初三学生 = τ 子
	高一学生 = 电子中微子	高二学生 = μ 子中微子	高三学生 = τ 子中微子

弱力可以使初一学生和高一学生、初二学生和高二学生、初三学生和高三学生发生相对应的交换。

另外，夸克的小学每年级都有红班、蓝班和绿班这三个班，而初中和高中的每个年级只有一个班。在基本粒子的世界中，中学的升学率可能比较低。无论怎样，由于初、高中里没有带有颜色的班，因此不存在交换红、蓝、绿的强力作用。弱力发挥着交换初中和高中的作用。也就是说，基本粒子的初中生（电子等）和高中生（中微子）能够感知弱力，却无视了强力。

7. 为什么标准模型是六三三学制？

基本粒子的标准模型中的电子、夸克、中微子等费米子就这样被分为长达 12 年的六三三学制。但是，我们并不知道为何需要如此之多的学年。

我们平常看到的事物都可以用质子、中子、π 介子以及在由它们组成的原子核周围旋转的电子进行解释说明。由于解释原子的 β 衰变需要电子中微子，所以即使包括该粒子在内，由小学的一二年级学生（上夸克和下夸克）、初一学生（电子）和高一学生（电子中微子）构成的二一一学制应该也足够了。为什么基本粒子的世界要与日本的学校制度一样，采用六三三学制呢？

最初被发现未包含在二一一学制中的基本粒子是 μ 子。据说在该粒子被确认存在的时候，曾因测定原子核的磁力性质而获得诺贝尔奖，以及在建立 CERN 过程中尽心尽力的伊西多·艾萨克·拉比抱怨说："是谁点了这样的东西"（也有另外一种说法认为这是一种误传，这只是拉比在大学附近的中餐馆里吃饭，服务员端上他不喜欢的饭菜时说的话）。这确实让人觉得不需要二一一学制未包含的基本粒子。

目前解释六三三学制原因的唯一线索是 2008 年获得诺贝尔奖的小林诚和益川敏英的理论。宇宙诞生之初既有粒子又有反粒子。如果那时粒子与反粒子的数量相等，宇宙的进化过程将是所有粒子与反粒子的湮灭反应，宇宙应该会变成一个没有物质的虚无世界。实际上宇宙中是存在物质的，因此粒子的数量应该比反粒子的数量多。为什么会产生这样的差异呢？这是宇宙论的一大谜题。我在这里虽然不能对小林－益川理论进行详细的介绍，但是该理论（和对中微子的扩展）中存在解开这一谜题的线索。另外，要想让该理论成立，至少需要夸克小学的六年级内容。

第一章的最开始引用了莱布尼茨的话："为什么这个世界不是虚无，那里存在着什么？"正因为这个世界不是虚无的，所以可能需要长达 12

年的六三三学制。

另外，如果基本粒子的标准模型中的费米子对应着六三三学制的小初高学生，那么大学生和研究生对应着什么呢？最近的宇宙观测表明，标准模型的基本粒子仅占宇宙的 5%，剩余的 95% 是尚不了解其真相的暗物质和暗能量。基本粒子世界的大学和研究生院所学的内容可能是暗物质和暗能量，不过这只是一种半开玩笑的说法。

8. 因没有对称性而无法使用杨－米尔斯理论

强力只能交换颜色分为红、蓝、绿的具有相同性质的粒子，而弱力则可以交换不同性质的电子、夸克和中微子。如果用各种性格的词语来表达的话，可能强力作用会被认为是“直率”，而弱力作用并不直率，而是“乖僻”。

另外，数学中有一个表达这种“直率”的概念，那就是“对称性”。

无论交换什么，性质都不改变的时候，就可以说那里“存在对称性”。例如“左右对称”，就是指即使颠倒左右也没有变化。十字架是左右对称的，而神社门前两旁的石狮子就没有对称性。也就是所谓的“对称性破缺”。

强力引起的粒子交换就如同让等边三角形旋转。只要每次旋转的角度为 120 度，等边三角形就保持与原来一样的状态，很明显它是具有对称性的。因为交换的是具有对称性的物质（也就是性质不变的物质），所以强力引起的变化被认为是“直率”的反应。

与此相反，弱力交换的是电子和中微子那种具有不同性质的基本粒子。这就像交换了左右的石狮子，是没有对称性的。

这就是理论难以解释的一点。杨－米尔斯理论推导出的力的作用为交换具有对称性的同类。因此，可以用杨－米尔斯理论直接解释强力交换夸克“颜色”的反应。但是，因为弱力的作用为交换夸克的年级，或者交换电子和中微子，所以无法直接使用杨－米尔斯理论来解释这些反应。若是明明知道没有对称性还是硬要使用该理论的话，理论就会连连叫苦并给出没有意义的答案。利用常理是无法解释明白弱力的。

或许这就可以说，本章开头讲的《美女与野兽》的比喻十分贴切。因为强力交换的是具有对称性的颜色，所以它是“美的”。而弱力交换的是没有对称性的年级，所以它是“丑的”。

不过，就像故事中野兽本来是一位王子一样，弱力其实也隐藏着美的对称性。这一话题将放在下一章之后的内容进行详解。我们在这里必须先稍微讲述一下弱力的不可思议之处。

9.“传递弱力的粒子具有质量”之谜

除此之外，弱力还有一个用杨－米尔斯理论无法解释的性质。上一章中我们也曾有所接触，那就是传递弱力的粒子“具有质量”。

电磁力的力可以传递到很远的地方。例如，指南针在地球的任何角落都会指示出南北方向，这说明来自北极和南极的磁力传递到了我们所在的地方。另外，电磁力能够传递到这么远的地方，与传递该力的光子没有质量的性质有很密切的关系。如果光子具有质量的话，磁力就会随着距离的增大而急剧（用专家的话说是呈指数函数关系）衰减。

一般而言，根据杨－米尔斯推导出来的玻色子都是没有质量的。这也是泡利曾经质问杨振宁的问题。对于强力而言，是存在传递该力的胶子的，这种粒子在自身的强力作用下被囚禁在强子之中无法出来。

因此，虽然看上去胶子似乎没有质量，但强力却是无法传递到远方的。

弱力也仅能传递到很近的距离。我们也可以通过 β 衰变过程中质子和电子基本在同一地方产生的现象了解到这一点。不过，它们不受弱力的束缚。如果出现弱力囚禁粒子的情况，参与反应的电子即使被束缚住也没有关系，不过这种情况并不会发生。

因此，传递弱力的粒子被认为过于“重”，所以该力不能传递到远方。据说传递弱力的 W 玻色子是具有质量的。那么是否能将杨 - 米尔斯理论应用于这种力呢？这是第二个谜题。

10. 物理定律中本应没有“左右之别”……

前文已经讲过，弱力交换的是类似于夸克年级那种没有对称性的粒子，不过弱力还有另外一个奇妙的性质。那就是破坏叫作“宇称”(parity) 的对称性。

所谓宇称的对称性，是指即使将遵循某一物理定律的自然现象进行镜像处理（如同映入镜子之中那样左右交换）之后，该现象也同样遵循同一定律的性质。过去普遍认为所有物理定律中都存在宇称的对称性。也就是说，人们坚信解释物理现象的基本定律是没有“左右之别”的。

但是，某一粒子的发现彻底颠覆了这个观点。鲍威尔在宇宙射线中发现汤川秀树预言的 π 介子之后，过了两个月他与曼彻斯特大学的巴特勒和罗彻斯特一同发现了其他新的粒子。但是，鲍威尔他们在调查这种粒子衰变方式的过程中，发现了奇妙的现象。这种新粒子有时会衰变成两个 π 介子，有时会衰变成三个 π 介子。虽然经常出现一个粒子具备多种衰变方式的情况，其自身也没有什么不可思议的，但这种情况就有问题了。在此之前，我们已经非常了解 π 介子的性质。另外，如果一个粒子既能衰变成两个 π 介子又能衰变成三个 π 介子，那就意味着这与宇称的对称性产生了矛盾。

因此，有人认为这种现象并不是一种粒子的两种不同衰变方式，而是存在两种粒子，并将它们分别命名为“τ 介子”和“θ 介子”。如果“τ 介子”衰变成三个 π 介子、“θ 介子”衰变成两个 π 介子，那么即使左右交换也遵循同一定律。也就是说与宇称的对称性并不矛盾。但是，由于这两种粒子的电荷相同，而且质量也正好一样，因此认为它们是彼此不同的两种粒子也是够不可思议的。

在很长的一段时期内，这个问题困扰着很多理论物理学家。

从结论来讲，它们并不是两种不同的粒子，而是叫作“K 介子”的同一粒子。汤川秀树的 π 介子是由上夸克、下夸克和它们的反粒子构成的。而 K 介子是包含奇夸克的介子。

顺便介绍一下，这里出现的“ τ 介子”与前文所讲的基本粒子中的初三学生“ τ 子”没有任何关系。因为鲍威尔发现的“ τ 介子”和“ θ 介子”为同一粒子，所以更名为 K 介子之后希腊字母 τ 就剩下了。因此，后来初三学生之粒子被发现的时候就再次使用了这个字母，将其称为“ τ 子”。虽然这样容易混淆，但是由于在“基本粒子大丰收的时代”希腊字母不够用，因此重复使用也是没有办法的事（发现 τ 子的马丁 · 佩尔和发现中微子的莱茵斯共同获得了诺贝尔奖）。

那么，K 介子的宇称对称性又是怎样的呢?

11. 震惊！竟然存在具有“左右之别”的物理定律

在此之前，弱力的宇称对称性得到了实验的验证，人们对其深信不疑。然而，李政道和杨振宁为了解开这一谜题，根据过去所有实验结果的数据，发现能够确定的事实仅为“强力宇称守恒”。任何实验都没明确表明弱力是否破坏了宇称。于是他们二人发表了弱力破坏宇称对称性（宇称不守恒）的论文。

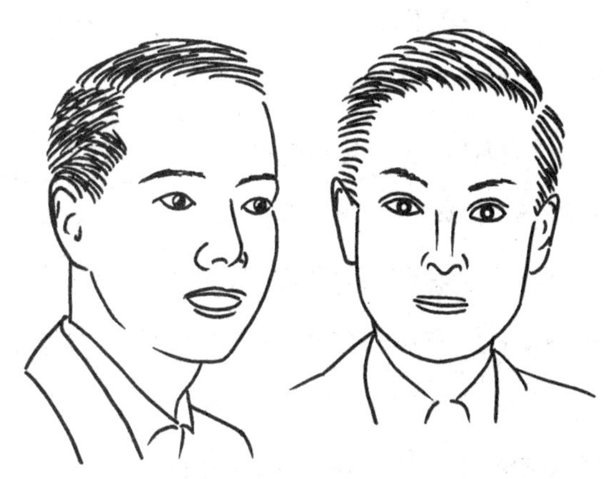

图 4-5　李政道（1926—　）与杨振宁（1922—　）

这里的杨振宁与杨 - 米尔斯理论的杨振宁是同一个人。1954 年构想出杨 - 米尔斯理论的他在两年后的 1956 年发表了这一大胆的预想。

如果这一预想成真，将轰动整个物理学界。在两年前发挥批判天性的泡利此时也没有痛快地接受这个观点。这次他没有直接对李、杨二人发表什么言论，而是给后来成为 CERN 所长的威斯科夫写了这样一封书信。

“上帝应该不是左撇子。我愿意在以实验确认的左右对称（也就是宇称守恒）上赌上巨款。”

图 4-6　吴健雄（1912—1997）

但是，李、杨二人的预想是正确的。进行实验的是李政道在哥伦比亚大学的同事吴健雄。虽然名字看上去像是个男人，但是通过“Madam Wu”的称呼我们可以得知她是一位女性研究者。作为 β 衰变实验的专家，吴健雄通过观察钴 60 的衰变现象，确认了宇称不守恒。因此该实验首次表明基本粒子的世界中存在“左右之别”的基本定律。

得知实验结果的泡利又给威斯科夫写了一封信。

“我刚从最初的打击中恢复过来，现在开始冷静下来了。要是不和你打赌就好了。不过，这已经成为了一个笑柄。其实我也没什么可苦恼的。现在让我感到震惊的并非上帝是个左撇子的事实，而是强力左右对称的性质。”

因为宇称不守恒的预言很快得到了实验的验证，所以次年李、杨二人获得了 1957 年的诺贝尔奖。在授奖演讲上，杨振宁做了如下的发言。

实验结果并没有确认弱力是否宇称守恒。然而，应该令人感到震惊的是在相当长的一段时期内大家错误地坚信弱力是宇称守恒的。更应该令人感到震惊的是，本次发现可能会让我们此前深信的时空对称性遭到破坏。不过，我们并不是抱着这样的野心去进行研究和发现的，只是一味苦心地钻研K介子的性质罢了。

在获得诺贝尔奖之后，完成如此伟大发现的李政道和杨振宁二人的关系开始恶化，并于1962年遗憾地分道扬镳。作为芝加哥大学的同窗，从成为朋友以来，他们二人在16年的时间里从事了很多共同研究的工作，但是他们彼此好像都认为是自己先想到的“宇称不守恒”。

据庆祝李政道60岁诞辰的国际会议会议记录记载，李政道当时回忆道，是他指出了弱力宇称不守恒的可能性，遭到了杨振宁的强烈反对。于是他邀请杨振宁来到了哥伦比亚大学，在吃午饭的过程中通过讨论让杨振宁认可了自己的观点。他正想说把自己的发现撰写成论文发表的时候，年长的杨振宁却强行插了一嘴道：“咱俩一起写论文吧”。

然而，杨振宁在自己的论文选集里添加的亲笔注释中，同样提到了他们二人在哥伦比亚大学附近的中餐厅里进行讨论的情景。不过这里是杨振宁率先发现如果强力宇称守恒、弱力宇称不守恒就能解决

“τ 介子”和“θ 介子”的衰变谜题。虽然最初遭到李政道的反对，但是他最终还是接受了自己的观点，于是二人一起验证了过去的实验。另外他还写道，在16年的共同研究中年长的自己发挥了指导性的作用。

可能是诺贝尔奖的名声破坏了他们二人共同研究的对称性。回想起当时的情况，杨振宁是这么说的：

遗憾的是，这样的名声把此前没有的东西带进了我们的关系之中。1962年4月18日，李政道和我在他的办公室里谈了很久，“我们作为芝加哥大学的研究生相识”，我们回忆了1946年以来发生的往事。……几个月后，我们就永别了……“16年的友情”是我人生中非常有意义的一段插曲。虽然我也为分别感到苦恼，但是人生路上有意义的事情基本都伴随着痛苦。

我认为像他们这种强大的研究团队关系出现破裂，不仅令其本人感到遗憾，对于科学的进步也是一件憾事。

12. 通过花样滑冰来了解基本粒子的自旋

这一发现解开了 K 介子之谜。但是，它也给基本粒子物理学带来了新的难题。弱力究竟是怎样破坏宇称的？

最终，费曼和盖尔曼弄清了弱力宇称不守恒的作用机制。

为了理解他们的想法，首先必须介绍一下基本粒子的“自旋”（Spin）性质。这是一个该领域的专家最初也是很难理解的概念，不过请不用担心。你只要掌握基本粒子旋转的大致印象，就能理解接下来的内容。

首先，请回想一下花样滑冰的 Spin。所谓 Spin 就是指旋转。当把这个词语应用于基本粒子论的时候，指的是旋转的势头。虽然基本粒子被认为是没有大小的点，但它是具有旋转势头的。

牛顿力学认为，运动的物体具有“动量”，只要没有外力作用于该物体，其动量就会保持不变。或许我们可以将其理解为运动的“势头”。做旋转运动的物体也具有表示旋转势头的量，我们称之为“角动量”。只要没有外力作用，这种旋转势头也不会改变。这就叫作“角动量守恒”。

例如，你可能见过花样滑冰选手在做旋转动作的时候，会通过将伸向左右的胳膊折叠起来似的贴近自己的身体，来提高旋转的速度。这种情况下没有外力作用就改变了旋转的状态，有些令人感到不可思议。花滑选手旋转过程中保持不变的不是旋转的速度，而是旋转的势头，即角动量。做旋转运动的物体长度乘以旋转的速度，就能计算出旋转的势头。花滑选手伸长胳膊的时候虽然旋转缓慢，但是折叠起胳膊后缩短了旋转部分的长度，由于旋转的势头不会发生变化，因此旋转的速度变快了。

到了20世纪20年代中叶，随着量子力学的完成，我们可以从理论上推导出原子的各种性质。在此过程中，我们发现了在原子中围绕原子核周围旋转的电子具有旋转势头的证据。让我们回顾一下当时的状况吧。

13. 电子的两种旋转状态——顺时针和逆时针

已经成为本书“常客”的泡利，创立了将自旋概念导入基本粒子物理学的契机。他利用正在建设的量子力学提出了解释原子结构的理论。其实那是泡利为解释元素周期表提出的理论。因为只要有一个电子进入一种状态后，其他电子就无法进入该状态，所以这个理论叫作“不相容原理”。泡利因发现该理论获得了 1945 年的诺贝尔奖。

其实，原子具有与不相容原理存在矛盾的性质。因为电子属于费米子，所以一种状态应该只能容纳一个电子。但是，如果原子中的一条电子轨道上不能容纳两个电子的话，就无法解释元素周期表了。

例如，我们通过解开量子力学的方程，发现原子中只有一条能量最低的轨道。如果一条轨道只能容纳一个电子，带有两个电子的氦就不得不把其中一个电子推出去，让其转移到能量高的轨道上。那就无法解释氢和氦为何排在元素周期表的第一行了。因此，泡利认为一条电子轨道上能够容纳的电子数量不是一个而是两个。第二章已经讲过，只要采取这一规则，就能完美诠释从锂开始的周期表第二行和从钠开始的第三行。

为什么一条轨道容纳两个电子呢?

泡利提出了各条轨道上的电子具有“两种状态”的主张。这样一来，两个电子就能够进入一条轨道上的不同状态了。不过，泡利并没有说明这里的“两种状态”是什么。为了让量子力学的计算与元素周期表符合逻辑，泡利随意创造出了这个规则，总之只要电子具有两种状态就说得通。

虽然这种解释有些机会主义色彩，但因为这是年仅 24 岁就成为理论物理学权威人物的观点，所以任何人都不敢无视泡利的解释。当时的哥伦比亚大学研究生克罗尼格于 1946 年访问德国图宾根大学的时候，了解到了泡利的想法。于是引出了克罗尼格下面的思考：电子在自旋的时候，是否有两种旋转方向不同的状态？这可能就是泡利提出的电子的两种状态。

不过，当克罗尼格向泡利咨询此事时，泡利表示“这与现实世界没有任何关系”，进而严词拒绝了克罗尼格的设想。克罗尼格的设想是电子实际上是在原子内部做旋转运动的。不过，角动量，也就是旋转的势头为旋转物体的长度和旋转速度的乘积。因为电子没有大小，所以其长度为零。于是要想具有旋转的势头，电子必须以无穷大的速度进行旋转。

因此克罗尼格的想法没有公布于众。不过，几个月以后，荷兰的乌伦贝克和高德斯米特提出了同样的观点，他们没有征询泡利的意见，直接发表了相关论文。其实他们二人把论文投出去之后，在把构想传达给了物理学巨匠洛伦兹（Hendrik Antoon Lorentz）时，也遭到了与泡利相同的批判。于是他们想立即撤销论文的发表，不过没有赶上出版社的步伐，论文已经被印出来了。于是，乌伦贝克和高德斯米特成为了基本粒子自旋的倡导者。

泡利也于 1947 年改变了自己的看法。

在量子力学中，各种量都有相应的“最小单位”。例如，普朗克的量子论认为，光的能量就有最小单位。充当这个最小单位的，就是叫作光子的粒子。深谙这一点的泡利发现，只要正确使用量子力学，旋转的势头也存在最小单位。牛顿力学认为，只要改变长度或旋转速度，就会使角动量持续发生变化。但是，泡利发现量子力学中的各种量都是离散的值，必须对其进行重新思考。另外，没有大小的电子也可以拥有量子力学许可的“最小单位”的角动量。角动量的最小单位叫作自旋（Spin）。

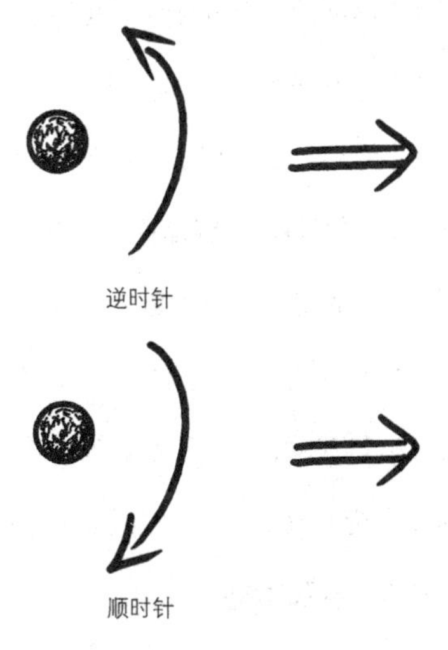

图 4–7　费米子可以拥有两种自旋

电子具有两种自旋的状态，一种是面向电子传播方向顺时针旋转所对应的正自旋，另外一种是逆时针旋转所对应的负自旋。这样就能解释泡利创造的“原子中的一条电子轨道上可以容纳两个电子”的规则了。

14. 弱力只作用于具有顺时针自旋的粒子！

接下来，让我们回到宇称不守恒的话题。

具有角动量的最小单位自旋的粒子不只是电子，夸克和中微子也同样具备。其实标准模型中的费米子都有最小单位自旋。自旋的转动方向一共有两种，分别是面向粒子传播方向的顺时针和逆时针。

费曼由此提出了弱力仅作用于具有顺时针自旋的粒子的设想。

宇称对称性是指“镜像处理后的现象也遵循与外界一样的物理定律”。但是，顺时针自旋的粒子映到镜子里将变成逆时针旋转。如果弱力仅作用于具有顺时针自旋的粒子，那么在镜子映出的世界中，弱力仅作用于具有逆时针自旋的粒子。也就是说镜子内外所遵循的物理定律是不同的，弱力破坏了宇称对称性。

费曼这样描述了大脑中闪现出这一想法时自己的心情：

“我很兴奋。在我的研究生涯中，只有这时是我知道了其他任何人都不了解的自然法则。”

在此之前，费曼虽然想出了获得诺贝尔奖的重整化理论，但是他本人认为在该理论的研究工作中他只是对其他研究者提出的理论从数学角度重新做了整理而已。

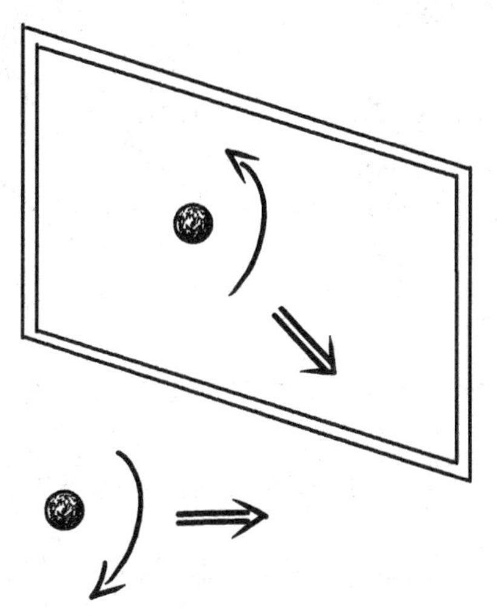

图 4-8　当顺时针自旋的粒子映到镜面上，粒子看上去具有逆时针的自旋

遗憾的是，这个关于宇称不守恒的理论并非“其他任何人都不了解的基本法则”。盖尔曼也想到了与之相同的观点，他几乎与费曼同时

开始撰写论文。而且他们是加州理工学院的同事，二人的办公室之间仅有秘书室之隔。其实，我现在所使用的办公室就是盖尔曼当时办公的地方，因此我非常清楚他们二人之间的距离有多近。

图 4-9　默里・盖尔曼（1929—　）与理查德・费曼（1918—1988）

盖尔曼本来就是因为被费曼的科研能力所吸引，才来到加州理工学院任教的。但由于他是一位具有高雅趣味的人，似乎对费曼的“演技”望而生厌，当时两人的关系已经变得很僵。如果他们两人为撰写同样内容的论文展开竞争，空气中肯定会充满危险的火药味。

院长对这种状态目不忍睹，在他的调节下，最终他们共同撰写了论文。但是，此后他们两人间的隔阂也没并未消除。

另外，后来罗伯特·马沙克与乔治·苏达尚这对搭档在同时期的会议上发表了与他们相同的观点。因此，我们现在说这一定律是由以上两组搭档分别独立发现的。费曼本以为自己发现了“其他任何人都不了解的基本法则”，没想到旁边的盖尔曼也注意到了这一点。而且，当被强迫与其一起撰写论文的时候，其他团队也发表了相同的观点，或许可以说这是“同时多人发现”重叠在一起的例子。

15. 即使电子和夸克没有质量也没关系？！

不过，故事并未就此结束。虽然我们已经知晓弱力是如何破坏宇称对称性的，但是将这一作用机制与杨－米尔斯理论结合起来的时候又出现了新的难题。

杨－米尔斯理论认为力的传递是靠基本粒子交换玻色子来实现的。例如，把该理论应用于强力，夸克在释放和吸收胶子的时候，颜色发生了变化，同时伴有引力作用于夸克之间。弱力是通过交换 W 玻色子及 Z 玻色子，使上夸克变成下夸克、使中微子变成电子的。

因此，当把费曼和盖尔曼的想法与杨－米尔斯理论结合起来的时候，能够释放和吸收 W 玻色子及 Z 玻色子的仅为面向传播方向具有顺时针自旋的粒子。

于是问题就来了。

假设存在面向传播方向具有顺时针自旋的粒子。观察该粒子的人以远比粒子快的速度向前奔跑，在超过粒子的地方回头。因为该人远比粒子的速度快，所以粒子看上去应该是向相反方向远离该人的。但是，由于自旋的旋转方向没有变化，因此当该人超过粒子后会发现本应顺时针旋转的粒子变成了逆时针的自旋。

接下来假设顺时针自旋的粒子一边释放 W 玻色子一边向前传播。以远比粒子快的速度奔跑的人对其进行观测，会发现逆时针旋转的粒子释放出了 W 玻色子。

物理定律要求在任何观测者的角度看来必须都是一样的结果。因观测方式不同而结果发生变化的不能称之为定律。那么，这该如何是好呢？其实，有且仅有一个从理论上解决这个问题的方法。

那就是即使电子和夸克没有质量也没有关系。

在 1905 年发表的狭义相对论中，爱因斯坦已经表明物质的速度不会超过光速。而且，能够以光速运动的仅为光子等没有质量的粒子。另外，任何物质都无法超越质量为零的粒子。如果电子和夸克没有质量，它们就能以光速一直传播下去，因此我们无法赶超并回头对其进行观察。任何人观测具有顺时针自旋的粒子，粒子看上去都是顺时针旋转的。

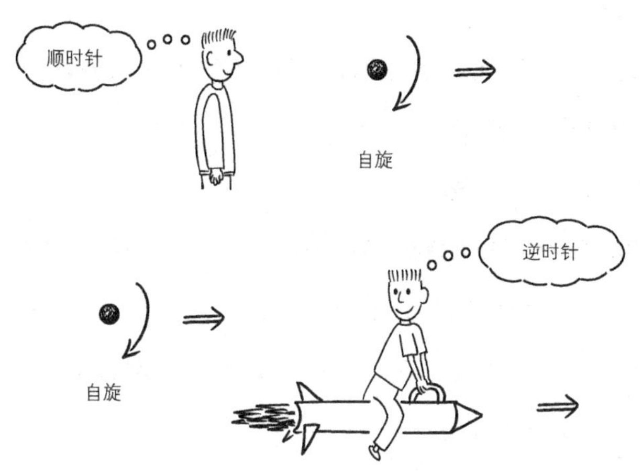

图 4–10　超过顺时针自旋的粒子后回头观察，会发现该粒子看上去具有逆时针的自旋

如果粒子没有质量，即使“只有具备顺时针自旋的粒子能够释放和吸收 W 玻色子及 Z 玻色子”的定律成立，也不会产生矛盾。

你可能会怀疑，会有如此荒谬的事吗?！电子和夸克不是具有质量的吗？这完全是一个无视现实的假设。如果被泡利先生听到，不知会遭到何种批判。

16. 关于弱力的三个谜题

在结束本章内容之前，让我们整理一下弱力的相关问题吧。一共有三个尚待解开的谜题。

（1）谜题一：W 玻色子的质量

电磁力虽然会随着传递距离的增加而变弱，但并不会立马变为零。因此，磁铁在较远的地方也能发挥出力的作用。另外，在原子的电场中，电子的活动范围是原子核大小的 10 万倍。从微观层面来看，电磁力能够到达很遥远的地方。

与之相反，弱力只能作用于极其微小的距离。我们也能通过中子发生 β 衰变时质子和电子基本出自同一地方的现象了解到这一点。这意味着传递弱力的 W 玻色子具有质量。实际上，我们从弱力的作用方式可以估算出 W 玻色子的质量大约为质子的 90 倍。

但是，如果将 W 玻色子视为传递电磁力的光子的亲戚，那么它本来应该是没有质量的。我们又不得不认为 W 玻色子是具有质量的。

顺便介绍一下，当时人们还不知道Z玻色子的存在。直到人们弄清弱力具有隐形的对称性之后，才预言了它的存在及其质量。

（2）谜题二：交换没有对称性的粒子

理论物理学家认为，对称性是理论之美的基准。从这个观点来看，弱力是丑陋的。首先，李政道和杨振宁发现了弱力的宇称不守恒。把弱力作用映到镜子里时，它的作用方式看上去与镜子外是不同的。

不过，第二个谜题中还存在另外一个对称性问题。那就是交换基本粒子种类的对称性。

如上一章所述，只要有强力作用，就可以使性质完全相同的夸克发生三个颜色之间的转换。杨－米尔斯理论可以顺利地应用于强力的这种作用机制。然而，弱力所转换的是上夸克和下夸克，电子和中微子这些种类不同的粒子。因为杨－米尔斯理论适用于交换具有对称性的同种粒子的反应，所以该理论不能直接用于解释弱力。

（3）谜题三：费米子的质量

目前的研究普遍认为弱力的宇称不守恒可以解释为，只有具备顺时针自旋的粒子能够释放和吸收W玻色子。但是，电子和夸克等费米子是具有质量的，因为速度比光速慢所以可以被超越。只要观察者超越具有顺时针自旋的粒子并回头观察它，该粒子看上去就具有逆时针的自旋。于是只适用于具有顺时针自旋的粒子的特殊定律就出现了矛盾。

这三个谜题全都是棘手的难题。不过，包装上这些谜题的弱力正如《美女与野兽》中的野兽，是魔法的力量将它的美隐藏起来了。南部阳一郎的“对称性自发破缺”理论为解开魔法提供了最初的线索。

第五章

单纯的定律与复杂的现实

——“魔法师”南部阳一郎的“对称性自发破缺”

基本粒子模型的话题就此告一段落，本章将对南部阳一郎想出的“对称性自发破缺”进行讲解。这一观点被广泛应用于解释物理学中的各种现象。在基本粒子的世界中，对称性自发破缺是由即将在下一章中介绍的希格斯场引起的。而且该理论关乎弱力三大谜题的解决。由于基本粒子的具体内容不会在本章出现，因此这里不再附上粒子关系图。

1．自然界的任何角落都存在对称性自发破缺

在 2008 年的诺贝尔奖授奖仪式上，瑞典皇家科学院的拉斯·布林克在介绍南部阳一郎的功绩时，是以“地球是圆的”这句话开始演讲的。之所以说地球是圆的，是因为引力在任何方向的作用强度都是相同的，这叫作引力的作用方式中具有旋转对称性。因为引力的定律是旋转对称的，所以地球不会是三角或四角的形状。

但是，事实也告诉我们地球并不是完美的球体，其表面既有山脉，又有峡谷。虽然我们希望通过引力的基本定律推断出地球是一个完全对称的形状，但是现实世界表明它破坏了对称性。

本来引力定律中明明具有对称性，应该遵循该定律形成的地球形状，却因各种理由丧失了对称性。自然界的任何角落都会出现这种“对称性自发破缺”。

请尝试将一根铅笔笔尖朝下立在桌面上。无论你怎样努力使之保持平衡，结果铅笔都是朝某一方向倒下。铅笔倒下去之前的状态看上去似乎没有特定的方向。铅笔最初明明具有旋转对称性，然而倒下之后由于它的指向明确，所以破坏了对称性。因为对称性破缺的结果是在没有选定铅笔倾倒方向的情况下发生的，所以称其为“对称性自发破缺”。

再举一个后面会出现的例子。因为同卵双胞胎在受精的时候具有完全相同的DNA，所以或许可以说在交换上具有对称性。不过，双胞胎出生以后，会获得彼此不同的名字。如果仅此不同的话，就与夸克具有不同“颜色”的名字一样，他们会保持这种交换对称性。然而，随着自身的发育，他们的模样、性格和行为方式等方面会出现差异。那么即使他们二人进行交换去惊吓朋友，直觉好的人也能发现破绽。因此可以说，这也是一个双胞胎具有交换对称性自发破缺的例子。

南部阳一郎对超导现象进行了深入的思考，看透其中蕴藏着“隐形的对称性”，并提出了对称性自发破缺的概念。随后，他进一步将这个概念应用于基本粒子理论，给基本粒子的质量问题带来了新的见解。

这与希格斯玻色子的预言密切相关。我认为，这是20世纪理论物理学界最重要的构想之一。

南部阳一郎获得诺贝尔奖的时候，可能也会有很多人看了相关新闻报道后“完全不知道这一发现的意义”。但是，他的理论不仅为基本粒子理论的发展做出了贡献，也让我们对大自然的看法发生了巨变。深入了解该理论后，你会发现它非常有意思。

在西方的古典美术中，无论是建筑还是绘画，一般都有一种倾向，那就是认为具有对称性的东西很美。例如，尊崇左右对称等人工美学的法式园林就是其中的典型代表。与此相反，日本的美术不怎么喜欢过于人工的元素，对没有对称性的东西似乎更有感觉。自然定律具有对称性之美，南部阳一郎之所以能够想到从中推导出的现象隐藏了对称性，可能是因为这种思维方式与日本人的感性十分合拍。

为了让读者了解南部阳一郎的理论给基本粒子物理学带来的影响之大，我会尽量在本章进行详细的解释说明。但是，因为连专门的物理学家理解该理论的意义都需要好几年的时间，所以你在初次阅读本章的时候可能会受挫。如果你觉得难以理解的话，可以暂且跳读到下一章。当阅读完下一章，大致理解了标准模型的全貌以后，如果想要进一步了解理论的背景，请再回到这一章来。

2. 在超导物质的内部光会变重

给南部阳一郎的理论带来启示的，是与基本粒子物理学不同的“凝聚态物理学”（condensed matter physics）这一领域的研究。基本粒子物理学的目的是发现自然界最基本的定律，凝聚态物理学是利用已经知晓的定律理解物质的性质并灵活运用，旨在创造出新的物质。“超导”或许可以说是代表该领域的课题之一。阐明超导机制的理论为南部阳一郎想出对称性自发破缺提供了一个契机。

有关超导的研究始于 19 世纪末期。由于电阻会随着金属温度的降低而减少，因此有人提出了当金属温度降低到绝对零度时电阻逼近零的构想。

1911 年，荷兰物理学家卡末林 · 昂内斯发现汞在温度降至 4.19 开尔文时，电阻突然变为零了。这就是超导现象，昂内斯因这一发现获得了两年后的诺贝尔奖。

处于超导状态的物体会发生各种令人不可思议的现象。其中 1933 年发现的“迈斯纳效应”就与本书的主题密切相关，该现象表明磁力线无法进入处于超导状态的物体。因此，在超导体上方放置一块小磁铁后，无法进入超导体的磁力线就会拥堵在磁铁下方，从而导致小磁铁悬浮于空中。

请参考一下磁铁浮于超导体上方的照片（图 5-1 左）。看了此图之后，也有人可能会认为这是“磁铁浮于上方是靠磁铁间的斥力”。但是，如果下面放置的也是磁铁的话，那么就算它们因同极相对的斥力作用而浮于空中，浮于上方的磁铁也会立即颠倒过来，与下方的磁铁紧密黏在一起。然而，这并不是两块磁铁。无论上方磁铁的哪一极朝下，它都会一直浮于空中。磁铁之所以能够浮于上方，是因为无法进入超导体的磁力线拥堵在磁铁和超导体之间（图 5-1 右）。

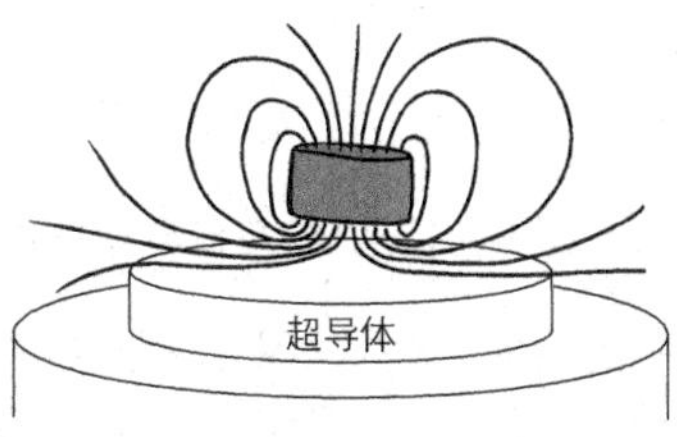

图 5-1　照片（左）中浮于上方的是普通的磁铁。台面上的白色容器中的黑色物体是超导体。如果向容器内注入液氮，该导体就会进入超导状态。如右图所示，因为磁力线无法进入超导体，所以放置于其上方的磁铁浮在了空中

那么，为什么磁力线无法进入处于超导状态的物体呢？

迈斯纳效应问世两年后，弗里茨·伦敦和海因茨·伦敦兄弟俩在解释这一现象的道路上迈出了第一步。他们认为超导体中的“光会变重”。此前已经多次提到传递电磁力的是其最小单位光子。电磁力之所以能够达到远方，是因为光子的质量为零。不过只要光子具有质量就不会传递到远方，这将导致电磁力立即衰减。因此，如果超导体中的光子具有质量，光子一进入超导体电磁力就如同急刹车一样变弱，从而导致磁力线无法进入超导体。

不过，伦敦兄弟只是强调，如果光子具有质量，就能解释迈斯纳效应。他们并没有解释如何让光子具有质量。

我接下来将会讲解这一机制，不过在此之前，让我们先回忆一下已经在本书出现多次的有关传递力的粒子具有质量的内容。

汤川秀树在预言 π 介子的时候，通过核力的传递距离估算出了它的质量。另外，因为弱力也只能在近距离内传递，所以如果存在传递该力的 W 玻色子，它也必然具有质量。上一章最后一节的三大谜题之一便是杨－米尔斯理论认为应该没有质量的这种粒子为何具有质量。

迈纳斯效应给这一谜题的解决带来了启示。如果伦敦兄弟的观点是正确的，超导体中的光子果真具有质量的话，或许可以认为传递弱力的 W 玻色子具有质量的机制与之相同。

3. 俘虏青年南部阳一郎之心的 BCS 理论

虽然早在 20 世纪之初人们就发现了超导现象，但是完全不了解它的原理。经过近半个世纪，通过基本定律解释这一现象的理论终于在 1957 年被确立了下来。次年李政道和杨振宁在基本粒子理论领域预言了宇称不守恒。

图 5-2 完成超导理论的巴丁（John Bardeen，1908—1991）、库珀（Leon Neil Cooper，1930— ）和施里弗（John Robert Schrieffer，1931— ）

该理论是由巴丁、库珀和施里弗三人共同研究确立的，因此以他们名字的首字母命名，称其为“BCS 理论”，这三人获得了 1972 年的诺贝尔奖。

顺便介绍一下，巴丁还因发明晶体管获得过诺贝尔奖。在第一次授奖仪式上，瑞典国王古斯塔夫六世曾问巴丁“为什么没有把所有孩子都带来”，巴丁回答说：“下次会都带来的。”对于当时已经思考出超导理论的巴丁而言，这种回答可能并非单纯的玩笑。第二次他真的带着三个孩子出席了授奖仪式，信守了与国王的约定（古斯塔夫六世转年离世）。

南部阳一郎与 BCS 理论的邂逅，发生在当时仍是研究生的施里弗来到南部阳一郎所在的芝加哥大学参加研讨会的时候。后来南部在叙述那次研讨会的时候，称其充满了“感动和疑问”。于是他怀着巨大的疑问说：“他们的大胆深深吸引了我，理解了 BCS 理论之后，我的心都被俘虏了。”

实际上，那是一个包含轰动性内容的划时代理论。

在解释超导的机制之前，首先讲一下普通的金属。金属之所以是电的良导体，是因为其中含有能够自由移动的电子。金属中虽然整齐地排列着原子，但是每个原子中的若干电子会离开最初的原子自由活动。只要对其施加电压，电子就会沿着电场移动，从而形成电流。但是，因为移动中的电子有时会撞到原子，所以会产生电阻。因此，只要施加电压就会产生电流，一旦切断电压，电流就会因电阻而消失。这就是普通的金属导体。

然而，超导体的电阻为零。如果把超导体做成一个环形，即使切断电压，沿着环状流动的电流也不会消失。这种情况下的电流叫作“持久电流”。使用持久电流可以创造出普通电流无法实现的强大电磁场。日本东海旅客铁道和铁道综合技术研究所正在开发的磁悬浮列车就使用了超导磁铁。另外，CERN 发现希格斯玻色子时所使用的 LHC 也利用了超导磁铁来控制加速的质子。BCS 理论已经弄清了电子在这种超导体中处于何种状态。

下面让我们像昂内斯的实验那样思考一下金属降低温度后变成超导体的现象。

一般而言，温度高的状态下能量也高，如果温度下降能量也会随之降低。

因为电子可以在普通的金属中自由独立地活动，所以如果降低温度，电子就会试图进入能量最低的状态。但是，由于电子属于费米子，所有电子无法全都进入能量最低的轨道。电子依次挤满了能量由低至高的轨道（因为电子具有自旋的性质，所以各个轨道容纳了两个电子）。可以说电子如此分布于各个轨道是金属最稳定的状态。我们称之为金属的能量最低状态。

如果可以忽略电子之间的作用力，该话题就可宣告终结。

然而，因为电子携带着负电荷，所以电子之间必然存在互相排斥的电磁力。理论和实验都已证明可以忽视普通金属中电子间的作用力。因此，即使在计算时认为电子是自由活动的，也可以很好地解释金属的性质。

不过，一旦温度下降，情况就会发生变化。通过原子的振动来传递的力变得至关重要。原子整齐地排列于金属之中，只要有电子通过，原子就会发生轻微的振动，该振动会传给其他电子从而完成力的传递。温度高的情况下热振动会使这一效果消失，只要温度降低，电子间的这种力就会发挥出作用。

而且，这种振动引起的力可能与我们的直觉相反，电子间的作用力不是斥力而是引力。此时同带负电的电子互相吸引。因此，巴丁等人思考的问题是电子间出现这种引力的时候，电子处于何种状态。

4. 在超导状态中，电子的数量是不确定的

巴丁等人提出的电子状态非常奇妙，并不是像普通金属那样数量确定的电子依次填满能量低的轨道。在超导状态中，电子的数量是不定的。也就是说，“同时存在”电子数量不同的状态。

在处理微观世界的量子力学中，这种不可思议的情况并不罕见。著名的思想实验“薛定谔的猫”就是一个典型的代表。因为这个实验不是在实验室实施的，而是在大脑中思考出来的，所以被称为“思想实验”。在物理学中，这是一种在思考理论意义时经常用到的方法。

这个思想实验首先在带盖的箱子内放入放射性物质镭，如果它释放出射线，盖革－米勒计数器就会察觉到，就像往喝水用的餐具里注入牛奶一般。想出这个思想实验的薛定谔在论文中提到的是致死量的氰化氢，由于生死过于残忍，我在本书中将其换成了小猫喜欢的牛奶。然后放入一只饥饿的小猫，把箱子的盖盖上。如果镭释放出射线，就会有牛奶流入碗中，小猫就会填饱肚子。但是，我们只知道镭在一定时间内是否会释放射线的概率。那么经过一段时间后，当箱子仍然被

盖子封闭的时候，箱子中的猫是吃饱了还是仍然挨饿呢？

当然，只要打开箱子的盖子进行观察，我们就能知道猫的状态，然而当盖子仍然封闭箱子的时候，猫的状态并不明确。根据一般情况考虑，无论是否打开箱子的盖子，猫要么处于吃饱状态，要么处于饥饿状态，二者的概率应该都是100%。不可能出现“半饱”等情况。虽然封着盖子的时候我们看不到里面的情况，但是在打开盖子之前，猫的状态就已经确定了其中的一种。然而，量子力学认为打开盖子前的小猫“同时处于吃饱和饥饿这两种状态”。只有打开盖子观察其中的瞬间，才能确定小猫的状态。

薛定谔为量子力学的完成发挥了重要的作用，并在波动方程中留下了自己的名字。但是，他构想的这个思想实验是为了诉说“能够同时存在不同状态”这个解释并不能令人信服，甚至十分荒谬。这确实是与常识相差甚远的现象，不过当今人们普遍认为在量子力学的世界中真的发生着类似的事情。

但是，薛定谔的思想实验实际实施起来非常困难。为了让箱子里的小猫同时处于两种状态，必须完全隔绝来自外部的干扰。只要与外部有丝毫的接触，那一瞬间就确定了小猫的状态，无论是吃饱还是饥饿，其概率都是100%。

因此，薛定谔的猫的实验只是单纯的思想实验，可以从理论上思考，却不能实现。虽然用小猫无法实施该实验，但随着低温实验和激光等尖端技术的发展，已经能用数个原子和光子取代小猫，在实验室中完成与薛定谔的猫实质相同的实验了。为这种量子力学实验技术的进步做出巨大贡献的法国科学家塞尔日·阿罗什和美国科学家大卫·维因兰德，获得了2012年的诺贝尔奖。

我也认为“薛定谔的猫”的思想实验真的不可思议，有时也会觉得好像同时存在已经理解的状态和尚未理解的状态。不过，因为阿罗什和维因兰德已经确认该实验可以实际实施，所以我不得不接受这一事实。

让我们回到关于超导的BCS理论的话题上来。如同薛定谔的猫同时存在吃饱和饥饿这两种状态，巴丁等人认为超导状态的物质同时存在电子数量不同的状态。与不知小猫是否吃饱一样，超导状态下电子的数量也未知。另外，一旦把电子间的引力加入计算，就会发现与电子数量确定的状态相比，这种奇妙状态下的整体能量变低了。

5. 容易随波逐流的人们聚集到体育馆会怎么样?

本来普通的金属中应该具有数量明确的电子。但随着温度的降低，金属会在某一温度（在昂内斯的实验中这一温度为 4.19 开尔文）下突然进入超导状态。而且，BCS 理论认为超导状态下的电子数量不定。金属中的电子数量到底是个什么情况呢?

图 5-3 南部阳一郎（1921— ）

南部阳一郎在芝加哥大学的研讨会上听说该理论后，也觉得这点存在疑问。实际上，南部阳一郎后来回忆说:“最让我着急的是‘BCS 理论’认为电子的数量不守恒。”

但是，南部阳一郎被“他们的大胆”迷住，此后用了两年的时间潜心研究尝试理解 BCS 理论。最终，他看透了超导状态的本质是对称性自发破缺。

那么，南部阳一郎是如何发现对称性自发破缺的呢?

我想南部阳一郎发现该性质的启发之一，是赫赫有名的德国数学家内特尔在20世纪前半叶所从事的研究工作。内特尔的专业是代数学等抽象数学，不过她对爱因斯坦的引力研究和理论物理学也同样很感兴趣。而且，她发现能量和粒子数量等物理量守恒的背后，其对应的自然定律具有对称性。这个一般规律就是以她的名字命名的“内特尔定理”。

按照内特尔定理，当电子数量守恒的时候，与之相应的某个物理量应该具有对称性。那么，超导中的“电子数量不守恒”是因为对称性遭到破坏了吧？这仅是我个人对其追加的讲解，不过南部阳一郎可能就是这么想的。

南部阳一郎在诺贝尔奖获奖纪念演讲上，解释对称性自发破缺时用了以下的比喻手法。

请想象一下很多人列队站在宽阔的体育馆之中。这个体育馆是一个完美的圆形，围墙上既没有钟表也没有篮球架和舞台。因此，人们无论看哪里都是一样的风景。也就是说，这是一种旋转对称的状态。

因为体育馆没有特殊的方向，所以站在其中的人们无论面向何方都没有关系。然而，他们都是容易随波逐流的性格，都想与周围的人们面向同一方向。虽然最初看上去是杂乱无章的方向，可一旦其中有几个人确定了某个方向，周围的人也会随之面向同一方向。结果体育馆里的所有人都面向了同一方向，原本具有旋转对称的体育馆就这样发生了旋转对称性的自发破缺。

图 5-4　当周围人们都集中面向同一方向的时候，旋转对称性就出现了自发破缺

之所以会发生这种对称性自发破缺，是因为丧失对称性之后的状态能量变低，趋于稳定。与他人面向不同的方向是需要能量的。对于体育馆中的人们而言，全员面向同一方向的时候能量是最低的。南部阳一郎把巴丁等人思考出的超导状态——电子数量不定的状态——理解为这种对称性自发破缺的状态。

对于为何在极低的温度下会发生超导现象，我们可以像下面这样理解。温度高的时候就好比聚集在体育馆的人们吵吵嚷嚷的混乱状态。

在任何仪式开始之前往往都是这样的吧？此时人们各自面向不同的方向。即使其中有几个人的小团体面向了某一特定方向，也不会影响到周围的人。

但是，当这种氛围稳定下来体育馆变得安静之后，这种行为就容易感染他人了。只要有人面向右侧而站，大家就会无意中面向同一方向。杂乱无章的体育馆会瞬间产生一种整体感。这种安静的状态恰似温度降低的状态。在昂内斯使用汞的实验中，对称性自发破缺发生在4.19开尔文的绝对温度。

像这种随着温度降低，性质在某一时刻发生戏剧性变化的现象叫作“相变”。水的温度在大气压的作用下不断降低，当温度为0摄氏度的时候，水变成冰的现象也是相变的例子。因为“水相”变成了“冰相”，所以称之为相变。

同理，体育馆中也发生了相变。温度高的时候，人们毫无秩序地面向不定的方向。此时可以称之为“具有旋转对称性的相”。随着温度的降低，某一时刻人们一齐面向同一方向就变成了“对称性自发破缺的相”。

当然，固体汞在绝对温度下降至4.19开尔文的时候，由普通的金属变为超导体的现象也属于一种相变。该过程是具有电阻的金属从具有对称性的相，变成了电阻为零的超导体这种对称性自发破缺的相。

南部阳一郎的这种比喻手法完美诠释了超导状态的各种性质，是本书前言中提到“贴切比喻”的一个典范。我听了南部阳一郎在诺贝尔奖授奖仪式上的演讲十分感动，觉得他真不愧是一位先驱者，因此在这里把他的比喻介绍出来与读者共同分享。

可能也有读者想了解这个比喻与BCS理论所解释的超导状态存在怎样的对应关系。南部阳一郎的比喻已经对这一点做出了完美的解释，不过要想做详细的讲解，还需要更深的量子力学理论，因此超出了本书的知识范围。不过为了想要了解这方面内容的读者，我在此稍作介绍，由于这些内容与后面的话题没有关系，因此如果你读不懂的话可以直接跳到下一节。

首先我们来回忆一下，在体育馆的比喻中，对称性的问题是与旋转相关的。根据内特尔定理，只要有对称性，就必然存在一个符合守恒定律的量。与旋转相关的自然守恒的量为上一章在自旋话题中出现的旋转势头——角动量。因此，我们尝试思考一下角动量这个固定的状态。

假设体育馆中的人们正在以固定的速度做旋转运动。他们并非面向某一方向静止不动，而是分别在各自的地方像花样滑冰选手那样做旋转运动。此时他们就处于“角动量守恒”的状态。

在南部阳一郎的比喻中，电子的数量可以解释为人们的旋转速度。旋转速度明明是连续变化的，而电子却是可以数清个数的，因此可能会有人认为这种对应关系并不恰当。但是，上一章在讲述电子自旋的话题时，已经介绍过在量子力学中角动量具有最小的单位。因此，在南部阳一郎的比喻中，人们的旋转速度也存在最小单位，可以将它的 1 倍、2 倍、3 倍等倍数与 1 个电子的状态、2 个电子的状态、3 个电子的状态等状态对应上（虽然当人们反向旋转的时候电子的数量将为负值，但这可以解释为与普通金属状态相比电子数量变少了）。

体育馆中的人们以固定的速度旋转的状态相当于电子数量是固定的。然而，在对称性自发破缺的状态下，人们并不旋转而是面向同一方向静止不动。这种状态与电子数量固定的状态不同。南部阳一郎经过两年时间连续不断的思考，对这种状态的性质进行详细调研后得出了最终的结论，确实如 BCS 理论所述“同时存在电子数量不同的状态”。

6. 如果光变重，那么它除了横波之外，还必须具有纵波

如上所述，超导体的特征之一便是磁力线无法进入其中的迈斯纳效应。伦敦兄弟将这一现象解释为“光具有质量”。那么，为什么对称性发生自发破缺后光变重了呢？

要想理解这一点，我们需要思考光变重后会发生什么。

我们的世界里存在各种各样的波。水的表面会泛起波纹，我们的耳朵听到的声音是空气振动所产生的波。另外，地震也是靠地面中的波进行传播的。按照振动方式的不同，大致可以将这些波分为两种，横波和纵波。

2011 年 3 月 11 日，我正在位于东京大学柏校区的 IPMU 办公室里与三位研究者谈话。下午 2 时 46 分，突然房屋开始吱吱作响摇摆不定。最初的摇摆节奏比较缓慢，后来变得很厉害。强烈的振动大约持续了 5 分钟。此前我从来没有经历过如此长时间振动的地震，所以当时就在想这里离震源很远，可仍有如此剧烈的振动说明地震的震级很大。加州理工学院的同事、地震学界的权威专家金森博雄碰巧也在

东京。他所提出的地震规模测量方法“矩震级”（Moment magnitude scale，MW）也广为人知，在国际社会被广泛使用。据说他仅仅通过身体感觉地震的摇晃方式就立马推断这次地震的震级在 8 级以上。实际上这确实也是一次震级为 9 级的大地震。

地震过程中会产生纵波和横波，因为这两种波的传播速度不同，所以通过计算这两种波到达这里的时间差，就能推测出该地与震中之间的距离。

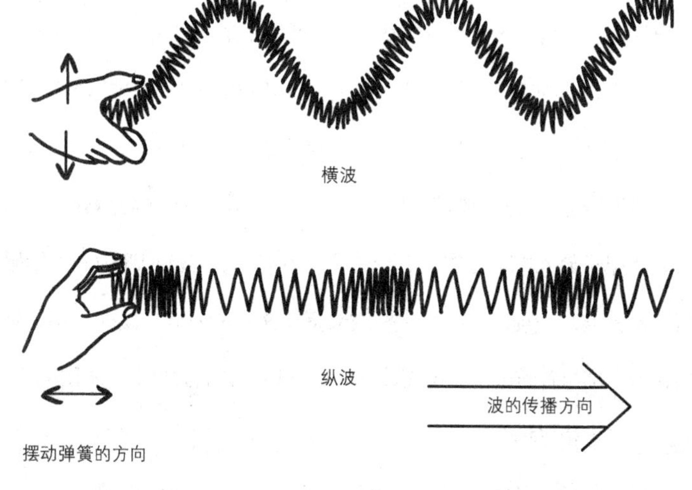

图 5-5　摆动弹簧时所产生的横波和纵波

在与地震波的传播方向垂直的方向上发生的地面振动是横波。由于岩石圈非常坚硬，所以发生横向的弯曲后会再复原。横波就是靠这种振动传播的。而在波的传播方向上岩盘被压缩和拉伸所产生的振动是纵波。发生地震的时候，纵波要比横波传播的速度快。

图 5–5 描绘了摆动弹簧时所产生的横波和纵波。

根据波的分类，也存在仅有纵波的波和仅有横波的波。

例如，在空气中传播的声音就仅有纵波。声波的纵波是在传播方向靠压缩和拉伸空气进行传播的。由于空气的密度有的地方浓厚有的地方稀薄，因此声波又被称为疏密波。但是，声波中没有空气的横向振动。与地点固定的岩石圈所发生的振动不同，即使让空气在横向发生摆动，也不会返回原来的地方，而是径直飘向远方。

另外，也存在仅有横波的波。光，也就是电磁波，就是其中之一。如果将电子放入电场之中，电子就会沿着电场的方向加速前进。如果将指南针放入磁场之中，指南针就会指示磁场的方向。由此得知，电场和磁场都是有方向的。电磁波是由电场和磁场的大小变化所引起的。此时，电场和磁场的方向与电磁波的传播方向互相垂直（图 5–6）。因此，只要把电场的方向看作光的振动方向，就会发现光只有横波。

您知道偏振光滤镜吧？电磁波的偏振光就是电场的方向。只要电场与电磁波的传播方向互相垂直，就能使其面向各个方向。因此，普通的光里混杂了各种偏振光。但是，光经过水面或天空的反射后，电场的方向是聚拢的。偏振光滤镜就是利用了这一性质，能够单独把反射光截取出来。因此，它能够抑制来自水面、玻璃和天空等地方的耀眼光芒，我们在拍摄风景照片的时候使用它非常方便。另外，我住在南加州的时候，一到冬天，太阳光就十分刺眼，在眼科医生的建议下，我戴上了一副具有偏振光滤镜的眼镜。

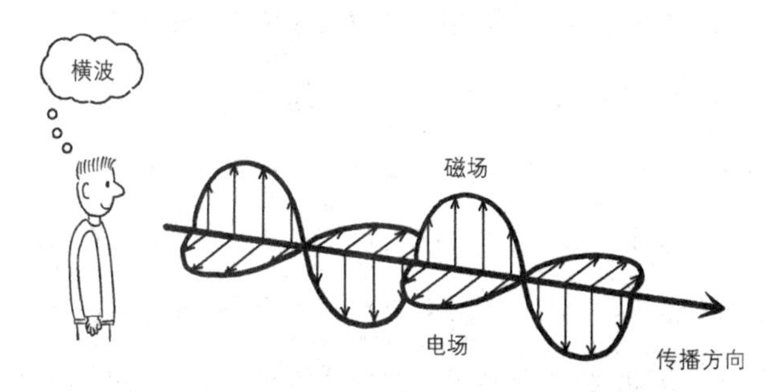

图 5-6 电磁波的传播方向与电场和磁场的方向互相垂直

偏振光的性质，即光只有横波的性质与光子是没有质量的粒子的属性密切相关。如果光具有质量，那么光不仅具有横波，还需要纵波的成分。下面我来解释一下其中的原因。

观测者能够追上比光速慢的物体。如果被观测的物体与观测者以相同的速度并肩行进，那么对于观测者而言被观测的物体看上去是静止的。这与我们坐在火车上观察与我们速度相同的火车看上去是静止的道理是一样的。

与此相反，我们无法赶上光的速度。爱因斯坦的狭义相对论认为，无论观测者以多快的速度移动，光看上去始终都是以光速前进的。

如果光具有质量，其速度比光速慢时会怎样呢？（“比光速慢的光”似乎是一个矛盾的病句，它的意思是因为光具有质量，所以它的速度比“狭义相对论中叫作光速的速度”慢）此时我们能够追赶上光，因此观测者看到的光应该是静止的。因为光只有横波，所以静止的光也会与原来的传播方向互相垂直地振动。光的振动方向就是电场的方向。因此，接下来我尝试在电场上的方向疾驰。对于在电场方向疾驰的我而言，静止的光看上去应该朝反方向前进。但是，由于我在电场的方向上移动，因此这回应该是看上去电场仿佛在光的传播方向上振动（图 5-7）。也就是说，应该是横波的光，换个观测方式后变成了纵波。

因此，比光速慢的波的振动方式在观测者看来既有横波又有纵波。因为物理学定律要求无论怎么观测都必须得到相同的结果，所以如果光具有质量的话，那么光除了横波之外，还必须具有纵波。

以光速传播的光即使仅有横波也不会出现问题，如果它具有质量的话，就还需具有纵波。因此，要想将超导的迈斯纳效应解释为“光变重了”，就不得不思考一下仅有横波的光如何才能产生纵波。电场和磁场的振动产生了光的横波。那么纵波源自何种振动呢？为了解答这一问题，南部阳一郎将再次登上本书的“舞台”。

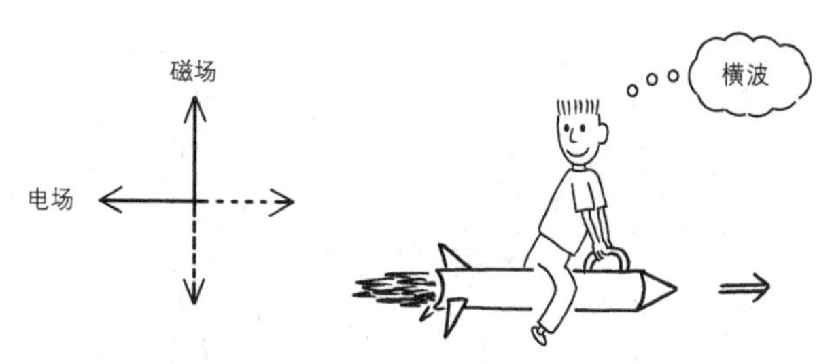

图 5-7　如果光具有质量的话，我们就可以追赶上它。追赶上光后是在电场的方向上移动，然后回头观察，会发现电场看上去是在光的传播方向上振动

7. 若对称性发生破缺，就必然会出现没有质量的粒子

南部阳一郎发现，只要发生超导状态那种对称性自发破缺，就会出现新型的波。让我们再次利用南部阳一郎在诺贝尔奖授奖仪式上演讲时所使用的比喻进行思考。

当体育馆中的人们全部面向同一方向的时候，仅有一人面向不同方向意味着需要巨大的能量（图 5-8）。正如“枪打出头鸟”所言，做出古怪的行为需要相当强的意志和决心。因此，超导状态也是很难发生此类情况的。

图 5-8　面向与周围的人们完全不同的方向需要能量

但是，稍微左右摆头或许能够轻松办到。长时间面向同一方向后，已经疲劳的人会稍微活动一下脑袋。于是与其相邻的人也会稍微摆动一下脑袋。以此类推，该人旁边的人也会晃动脑袋……摇头晃脑的动作如同涟漪一样传播下去（图 5-9）。虽然一个人面向不同的方向比较困难，但是泛起摇头的涟漪并不怎么需要能量。因为涟漪的波长越长，摇头的方向变化就越慢，所以泛起涟漪所需要的能量可以小到任意值。

如同电磁波的最小单位为光子，该波也具有摆动的最小单位，也具有粒子的性质。爱因斯坦的 $E=mc^2$ 表明能量与质量成正比。只要增加波长的长度，能量可以变成任意小的数值。如果波长变成无限长，能量就会变为零。如果这个等式左边的 E 变为零，那么与之对应的粒子质量 m 也将变为零。

图 5-9　如果人们依次一点一点地转向不同的方向，就不怎么需要能量

在这里，南部阳一郎通过体育馆中的人们这个比喻进行了思考，只要是对称性自发破缺的状态，无论什么物质，一旦发生轻微的摆动就会轻而易举地泛起涟漪。另外，他还发现此时必然会出现该涟漪的

最小单位，也就是没有质量的粒子。

不过，正在他思考以何种形式发表这一发现时，剑桥大学的杰弗里·戈德斯通率先发表了论文。南部阳一郎回忆当时的感觉说道：“煮熟的鸭子飞了。”不过，由于大家都知道南部阳一郎对理解对称性自发破缺所做出的贡献，因此将这种粒子以他们二人的名字命名，称之为“南部－戈德斯通玻色子”。因为对称性自发破缺时出现的无质量粒子必然具有玻色子的性质，所以才获得了这样的名称。

8.“南部－戈德斯通玻色子”变身为光的纵波

就此我们已经准备好了解释超导体中光具有质量的理由。

在超导体外侧，电磁波以光速进行传播，光子的质量为零。我们假设这种电磁波试图进入超导体的内部。最初超导状态是电子的状态，因为电子带有电荷，所以这种状态会与电磁场发生反应。因此，只要电磁波进入超导体内，就会使超导状态发生震动。

让我们利用南部阳一郎的比喻来思考一下这个过程。只要电磁波进入体育馆中，就会使站在里面的人们出现摇晃，因此电磁波必须拨开人群向前传播。特别是微小的能量就能使人们产生轻微摆动脑袋的涟漪，因此电磁波在超导物质中传播也可以轻易发生。也就是说，在超导体中，电磁波与涟漪互相缠绕在一起，一同在超导体内传播。光子无法直接在超导体内传播，于是变成了与南部－戈德斯通玻色子互相混合的状态。正因为存在这一多余的过程，所以光子的速度比光速慢。也就是说，光子具有了质量。

如前文所述，光要想具有质量，纵波便是一个必要的成分。但是，电场和磁场的振动仅能产生横波。纵波源自何种振动呢？

超导体中恰好产生了涟漪（在南部阳一郎的比喻中，就是体育馆中人们的摆头运动）。这里的涟漪就是纵波。为了找到导致光子变慢的因素，我们或许可以认为南部－戈德斯通玻色子变身为光子的纵波，从而使其符合逻辑。也就是说，超导体中的光为电场和磁场创造的横波与南部－戈德斯通玻色子创造的纵波的混合物。虽然光和南部－戈德斯通玻色子都没有质量，但是二者组合创造出横波和纵波后，就具有了质量。

于是，在超导体中光子变重的机制也可以解释为对称性自发破缺。

9. 应用于基本粒子理论的巨大飞跃

南部阳一郎具有惊世骇俗的眼力，他看透了 BCS 理论的本质是对称性自发破缺。正如《美女与野兽》童话中贝儿发现外表恐怖的野兽具有善良的内心一样，他看破了具有“电子数量不守恒”这一奇妙性质的超导状态里隐藏着对称性。

南部阳一郎的伟大之处并非仅此而已。他还在此基础上取得了更大的飞跃。经过对对称性自发破缺的思考，他将其应用到了基本粒子理论。

南部阳一郎认为，对称性自发破缺不仅能够解释光，应该也能诠释电子和夸克等费米子具有质量的机制。因此，我们也可以认为电子和夸克等粒子具有质量是因为某种对称性的自发破缺。下面我来介绍一下它们所对应的对称性。

首先，我们先整理一下费米子具有质量的影响。电子和夸克具有自旋的性质。在这里我们可以将其理解为粒子的旋转。它的旋转方向共有两种，分别为面向传播方向的顺时针旋转和面向传播方向的逆时针旋转。

然而，这些粒子一旦具有质量，就会使区分顺时针自旋的粒子和逆时针自旋的粒子变得暧昧不清。因为此时即便是面向传播方向顺时针自旋的粒子，只要观测者以更快的速度超越它，回头再观察，它就变成了看上去是逆时针自旋的粒子（图 4–10）。也就是说，粒子的自旋方向因观测方式不同而存在差异。

不过，假如粒子没有质量，一直以光速前行，那么观测者就无法赶超它，因此能够明确地区分两种自旋。例如，将两种自旋的电子分别命名为“电子（顺时针）”和“电子（逆时针）”，这样就能将它们认为是不同的粒子。

假设存在若干种具有相同性质的费米子，它们都具有交换对称性。而且，只要这些粒子没有质量，我们就能分别思考只交换顺时针自旋粒子的对称性和只交换逆时针自旋粒子的对称性。像这样只交换其中一方自旋粒子的对称性称为“手征对称性”（chiral symmetry）。顺便介绍一下，“chiral”在希腊语里是“手”的意思。有人把顺时针旋转和逆时针旋转称为“左手旋转”和“右手旋转”，“手征对称性”便由此而来。

然而，只要粒子具有质量，我们就不能分别思考逆时针旋转和顺时针旋转的粒子了。因为不同的观测方式会让本以为是顺时针的自旋变为逆时针。因此，仅作用于顺时针自旋粒子（或仅作用于逆时针自旋粒子）的手征对称性也遭到了破坏。

南部阳一郎“将计就计”，进行了如下思考。

如果费米子具有质量就会发生手征对称性破缺，那么反过来，只要创建出手征对称性自发破缺的理论，那么粒子自然就会具有质量。

当然，手征对称性的破缺是产生质量的必要条件，并非充分条件。虽然反过来不一定成立，但是南部阳一郎认为它有可能成立。实际上，1960 年南部阳一郎与其助手约纳拉西尼奥共同创建出了实现这一想法的具体理论实例。

南部阳一郎独创的费米子质量与手征对称性自发破缺密切相关的观点，在希格斯玻色子的理论中也发挥了重要的作用。这一机理同时解开了弱力“交换没有对称性的粒子”（谜题二）和“费米子的质量”（谜题三）这两大谜题。下一章将对此进行介绍说明。

10. 真空并非“什么都没有的空虚空间”

南部阳一郎这一系列的工作从根本上转变了我们对与物理学中“真

空”的思考。刚才明明还在讲述超导物质，现在却蹦出了真空，你或许会觉得有些唐突。不过，要想理解南部阳一郎的理论给物理学带来的影响，我不得不引出真空的话题。

翻开《广辞苑》中【真空】的条目，我们会发现第二个词义为“没有物质的空间”。用我们平常的话说，真空就是“什么都没有的空虚空间”。

物理学家简化了“没有物质的空间”这一观点，一般把“能量最低的状态”叫作真空。在粒子自由活动的空间内，其整体的能量为各个粒子的能量之和。因此，粒子完全不存在的时候能量会变得最低。也就是说，与《广辞苑》中的解释基本一样，什么都没有的状态就是真空。基本粒子物理学家也认为真空是什么都没有的空虚空间。

这种真空并没有引起研究者的兴趣。基本粒子的研究者旨在通过理解粒子以及粒子间的作用力来了解自然界的奥秘。因此，他们认为没有任何粒子的空间很没意思。

然而，对称性自发破缺的理论告诉我们，真空不一定是什么都不发生的“枯燥无味的状态”。

本章的开头曾介绍过，普通金属的能量最低状态是电子依次挤满能量由低至高的轨道时的状态。这是一个容易让人理解的状态。用物理学家的话来说，金属的“真空状态”就是什么都不发生的“枯燥无味的状态”。但是，超导体的能量最低状态却是同时存在电子数量不同的复杂状态。

南部阳一郎的理论告诉我们，光子具有质量以及费米子具有质量都是真空发生对称性自发破缺的结果。因此，真空的状态取决于粒子的性质。根据这一划时代的发现，被认为是“没有粒子的最简单状态”的真空变成了基本粒子物理学的核心研究课题。在“南部之前”，真空是一种无可争议不言自明的状态；然而到了“南部之后”，每当有人提出新的基本粒子理论，首先都要考究“该理论的真空（即能量最低状态）是什么”。

《广辞苑》中关于“真空”的第二个词义为“没有物质的空间”。因为词义原则上是先列出与词源相近的词语，所以它的第一个词义为“大乘之穷极”和“小乘之涅槃”等。这些原本都是佛教用语。

禅寺的一位僧人朋友告诉我，佛教认为世间万物都没有实体，正所谓“色即是空”，一切都是“空”的。因此容易被误解成虚无主义。但是，正如“真空妙有”所言，“空”并不是“有”的反义词，它是最为深奥的真实。这或许与根据真空结构理解基本粒子性质的现代物理学观点是相通的。

11. 伟大理论物理学家的三种类型：贤者、杂技师、魔法师

南部阳一郎的正确判断在后来的希格斯场理论中得到了验证，下一章我会对此进行详细介绍。

包括这点在内，南部阳一郎不仅看透了超导的 BCS 理论本质为“对称性自发破缺”，还预见到这一发现能够应用于基本粒子的理论。其他研究者无不惊叹南部阳一郎的敏锐洞察力和先见之明。

我认为伟大的理论物理学家一共有三种类型，分别是贤者、杂技师和魔法师。

贤者型的研究者一般从设置明确的问题出发，严谨地指定所有前提条件，稳健地立足于理论依据，逐步展开研究工作。只要阅读他们的论文，我们就能一步一步顺利地追随他们的观点，直到阅读完论文才发现自己已经走到了很远的地方。爱因斯坦就是典型的贤者型研究者。爱因斯坦于 1916 年出版了他在 1915 年完成的广义相对论，该篇论文一字一句地解释了问题是什么、解决该问题的新观点以及需要运用的数学方法。通俗易懂的表达方式使其至今都可以作为教科书来使

用。具有基本粒子理论批判家之称的泡利和即将出现在下一章的温伯格也可以说是贤者型的理论物理学家。他们的论文早已刻进了我的脑海。

杂技师型的研究者往往能以此前任何人都没有想到的全新视点捕捉到问题所在，从而轻松自如地攀上峻峭的山峰。阅读他们的论文会让你产生一种着魔的感觉，不断惊叹奇特的论证方法。另外，他们还有一个特征，那就是具有独特的说服力。杂技师型研究者的典型代表是费曼。很遗憾我没能在其生前与其会面。据学长介绍，在现场听费曼发表演讲的时候，他感觉从头到尾都能听懂，然而随后讲给别人听的时候，却完全无法再现费曼的理论。

接下来就是极其稀少的魔法师型的研究者。由于他们的工作是跨时代的，因此同代的研究者无法立即理解他们的理论。即使阅读他们的论文，也完全摸不着头脑。但是，他们指出了此前任何人都没有发现的自然奥秘。

或许可以说，南部阳一郎就是代表了 20 世纪的魔法师。我在加利福尼亚大学伯克利分校任教期间的同事苏米诺是一位著名的理论物理学家，他在评价南部阳一郎的时候，是这么说的：

南部阳一郎的研究工作预言了10年后的理论发展。因此，只要理解了他的工作，就能领先其他研究者10年，但是当你怀着这种信念努力学习他的理论之后，你会发现自己最终理解的时候已经过了10年。

2004年瑞典皇家科学院在为发现强力渐进自由性质的3人颁发诺贝尔奖的时候，破例提及道:“南部阳一郎的理论是正确的，不过太领先于时代了”。然后在2008年，南部阳一郎因“发现基本粒子物理学的对称性自发破缺”获得诺贝尔奖。他当时以下面的话结束了自己的获奖感言。

物理学的基本定律明明拥有很多对称性，为什么现实世界如此复杂？对称性自发破缺原理是打开这扇门的钥匙。基本定律是单纯的，世界却不是单调的。这是多么理想的组合啊！

第六章

解开了希格斯玻色子的魔法！

通过把南部阳一郎想出的“对称性自发破缺”导入希格斯场，就可以将其应用于基本粒子的模型。但是，最初基本粒子理论的研究者们将这个想法应用到了一个错误的问题上，于是他们再次踏上了迷途。本章出现的温伯格独树一帜，找到了正确的方向，最终在完成标准模型的这盘棋上将了他们一军。

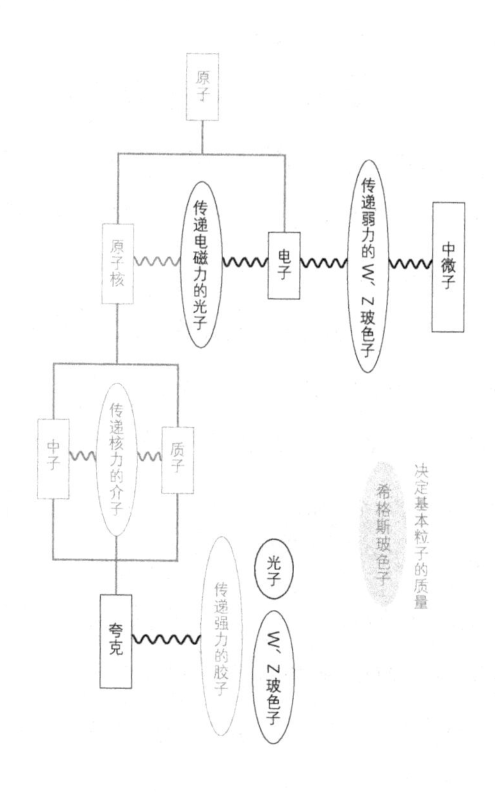

1. 如何组合超导理论与狭义相对论

上一章介绍的对称性自发破缺理论已经为解开弱力的三大谜题打通了一条宽阔的大道。不过，仍然残留有难题。

只要对称性发生自发破缺，就会出现没有质量的南部 – 戈德斯通玻色子。因为自然界中没有质量的基本粒子我们只找到了光子，所以如果不对没有质量的粒子做些什么，那么对称性自发破缺理论就无法在基本粒子的理论中使用。

正如上一章所述，迈斯纳效应已经解决了超导体中的这个问题。没有质量的南部 – 戈德斯通玻色子消失后，光子拥有了质量。因此，因凝聚态物理学的研究获得诺贝尔奖的菲利浦 · 安德逊提出了把迈斯纳效应应用于基本粒子理论的构想。但是，当时的基本粒子物理学家无法立即理解这个提议的意义。

安德逊的想法之所以没有马上被大家接受，是因为狭义相对论没有融入超导理论。例如，当时的哈佛大学副教授沃尔特 · 吉尔伯特就撰写了相关论文，他认为只要包含狭义相对论的理论中发生对称性自发破缺，就必然会出现南部－戈德斯通玻色子，而且无法消失。吉尔伯特后来转向研究分子生物学，因发现核酸中核苷酸顺序的测定方法而获得了诺贝尔化学奖。连这种级别的人物都断言否定安德逊的想法，可见把迈斯纳效应应用于对称性自发破缺的基本粒子理论非常困难。

不过，1964 年有三个团队将迈斯纳效应的想法与狭义相对论成功地结合了起来。

其中最为著名的研究者是彼得·希格斯。但其实最初发表论文的并不是他。在希格斯之前，罗伯特·布绕特和弗朗索瓦·恩格勒这组搭档已经发表了相关论文。另外，在希格斯之后，杰拉尔德·古拉尔尼克、迪克·哈根和汤姆·基伯的三人团队也发表了内容基本相同的论文。

随后会讲述有关这三组论文提出的话题，把该理论预言的粒子以“希格斯”冠名的理由之一，可能是因为希格斯最先在论文中明确提出了这个预言。在希格斯之前发表论文的布绕特和恩格勒认为预言这种粒子是理所当然的，因此没有特别提及。

看到这里，可能会有很多人感到意外。因为 CERN 发现的是“希格斯玻色子”，所以自然会认为希格斯等人的理论也是以这种新粒子为主角的。但实际上，希格斯玻色子并不是该理论的核心。该理论主要研究如何将对称性自发破缺应用于基本粒子理论，预言希格斯玻色子似乎是这个问题的副产品。

2. 为对称性破缺附加新的“场”

希格斯等人的想法是为对称性破缺附加新的场。

图 6-1　彼得·希格斯（1929—　）

让我们在这里回忆一下“场是什么”。例如气象图用等压线来表示各个地方气压确定的“气压场”。各个地方所具有的特定量的集合就是“场”。同一场所也具有“温度场”。另外，电磁场也是一种“场”。也就是说，我们身边同时存在着各种各样的场。希格斯等人提出了再附加一个新场的构想。后来这个场叫作“希格斯场”，我们在这里也这么称呼它。

我们也可以认为上一章中出现的“聚集大量人群的体育馆”是一种场。因为在该场中，每个人的朝向在各自的场所都是确定的。由于方向可以用角度来表示，因此它也可以与气压和温度同样被视为“各个地方所具有的确定量”。因为体育馆混乱的时候人们的朝向也是各不相同，所以没有特定的方向。也就是说，平均下来是具有旋转对称性的。不过，一旦体育馆静下来所有人都面向同一方向的时候，对称性就遭到了破坏。

希格斯场也会发生与南部阳一郎这个比喻相同的对称性自发破缺。本章的后半部分会讲述有关这个性质的具体机制。首先让我们回顾一下希格斯等人的理论是如何解释弱力的。

3. 希格斯场应该用于弱力和电磁力！

希格斯场的观点为基本粒子理论中悬而未决的各种难题提供了解决的契机。

让我们回忆一下前面的内容，杨振宁在普林斯顿高等研究院的研讨会上解释杨－米尔斯理论的时候，泡利提出了“该理论所预言的粒子质量如何”的质问。因为杨－米尔斯理论是麦克斯韦理论的扩展和补充，所以如果不加修正就会预言出没有质量的粒子。泡利的批判之处在于没有发现那样的粒子。

不过，我们已经在超导状态发生对称性自发破缺的时候了解了光具有质量的机制。因此，希格斯场中发生对称性自发破缺也应该会发生同样的情况。于是弱力的“W 玻色子的质量”之谜便迎刃而解。

但是，希格斯等人发表论文的时候，没有人注意到这一点。因为几乎所有研究者都试图用希格斯场来解释强力。

由于本书在第三章提前讲述了强力的内容，因此大家已经知道了“渐进自由性质”的理论。不过，根据渐进自由性质解开强力之谜发生于 20 世纪 70 年代的前半叶。希格斯等人的理论发表于 60 年代，他们并不知道传递强力的胶子无法到达远方的原因。因此大多研究者都想把希格斯场用于“给予胶子质量的机制”。实际上，正如第三章所解释的那样，胶子是被强力束缚住的，而强力是不会发生对称性自发破缺的。

不过，1967 年为该项研究带来思想转变的人物登上了历史的舞台。这位物理学家也在尝试用希格斯场来解释强力，然而面对出现没有质量的粒子且无法消除的难题他也举步维艰。直到有一天，作为客座教授前往麻省理工学院，他在飞速疾驰的红色科迈罗中突然迸发出了灵感。

该理论应该用于弱力和电磁力，而并非强力！

他的名字叫作史蒂文·温伯格。

4. 连希格斯本人都没有想到的大胆转变

这一想法的转变让温伯格已经确立的理论变成了不再是单纯解释弱力作用的理论。此前一直困扰自己的“没有质量的粒子”是传递电磁力的光子。他的灵感告诉自己，只要使用希格斯场就能解释弱力和电磁力。以前一直试图把希格斯场用于强力的温伯格后来是这么说的。

我们知道正确的答案，却在试图回答错误的问题。

温伯格的理论认为，电磁力原本与弱力是同一种力。真空的对称性自发破缺使其分成了两种力。这两种力看上去具有完全不同的性质。电磁力可以传播到远方，弱力远比电磁力弱，只能传播很近的距离。

然而，希格斯等人的理论认为，乍看两种不同的力其实源自统一的一种力。

人们普遍认为关于电磁力的理论在 19 世纪麦克斯韦统一电场和磁场的时候就已经完成了。然而，温伯格的想法告诉我们，麦克斯韦的电磁理论也只不过是包含弱力在内的框架更大的理论中的一部分而已。

以统一电磁力和弱力为目标的物理学家并非仅温伯格一人。在早于温伯格获得灵感的 1961 年，他高中和大学的同窗谢尔登·格拉肖就曾想利用杨－米尔斯理论来统一这两种力。不过，由于不了解如何对传递弱力的玻色子给予质量，因此没有顺利获得研究成果。即便如此，格拉肖也发表了很有价值的文章。他在论文的开头这样写道：

“W 玻色子”的质量并不等于零，光子的质量却是零。在探究“W 玻色子”和光子相似之处的任何尝试中，这都是不言而喻的主要障碍。本篇论文不得不假装出没有发现这个问题的样子。

格拉肖明明承认自己的想法存在缺陷，但是依然“假装没有发现的样子”将其发表，这种科学论文可谓史无前例。可能因为他强烈感觉到了统一电磁力和弱力的重要性。

在希格斯等人撰写了对称性自发破缺的论文后，格拉肖聆听了希格斯的演讲，也参与了讨论。但是，他没有想到把希格斯场引入自己的理论。因为希格斯也没有意识到要将自己的理论应用于强力，所以没有把试图统一弱力和电磁力的格拉肖的理论联系起来。于是曾一度如此靠近彼此的二者，就这么遗憾地擦肩而过了。不过说起来，温伯格那个一般人想不到的观点转变也是够大胆的。

温伯格提出这一转变的一年后，巴基斯坦的阿布杜斯·萨拉姆也提出了同样的理论。因此统一弱力和电磁力的“弱电统一理论”被命名为 Weinberg-Salam 模型（在通过互联网可以瞬间共享信息的今天，根本无法想象一年后提出的观点可以被认定为是独立原创的，然而当时的状况与现在不同）。格拉肖、温伯格和萨拉姆 3 人获得了 1979 年的诺贝尔奖。

图 6-2　史蒂文·温伯格（1933—　）、阿布杜斯·萨拉姆（1926—1996）、谢尔登·格拉肖（1932—　）

把 Weinberg-Salam 模型与第三章解释强力的理论结合在一起就是基本粒子标准模型的全貌。

5. 温伯格的灵感乍现与剩余的两个谜题

温伯格的灵感乍现让我们明白了，传递电磁力的光子没有质量，而传递弱力的 W 玻色子具有质量的理由。与超导体中光子变重的情况类似，希格斯场带来的对称性自发破缺让 W 玻色子拥有了质量。

于是关于弱力的第一个谜题就此得到了解决。那么，剩余的两个谜题该如何解决呢？

第二个谜题是 β 衰变过程中下夸克变成上夸克那种弱力交换性质不同的基本粒子。

另外，第三个谜题是夸克和电子等费米子具有质量。这一性质看上去似乎与只有具备顺时针自旋的费米子才能释放和吸收 W 玻色子的解释互相矛盾。一旦拥有质量，费米子的传播速度就会变得比光慢，因此只要观察者超越并回头看它，就会发现原本顺时针的自旋变成了逆时针旋转。

让我们在这里回忆一下上一章所介绍的手征对称性。只交换顺时针自旋费米子的对称性就是手征对称性。如果被交换的粒子性质不同，当然就不存在这种对称性了。但是，如果粒子具有质量，即使粒子的性质相同，手征对称性也会遭到破坏。

也就是说，我们可以认为第二个和第三个谜题都是关于手征对称性破缺的问题。

如果交换上夸克和下夸克，交换电子和中微子具有手征对称性，那么将杨－米尔斯理论用于弱力就没有问题。当然，现实世界中手征对称性是发生破缺的。因此，原本的基本定律中具有手征对称性，如果发生自发破缺会怎样呢?

温伯格想出了使用希格斯场让交换电子和中微子的手征对称性发生自发破缺的机制。他认为只要设定好希格斯场，就算手征对称性发生破缺，也可以将杨－米尔斯理论应用于弱力。

比如，因为强力中交换夸克颜色的对称性没有发生破缺，所以可以使用杨－米尔斯理论。不过，在该理论中存在通过交换颜色发生变化的状态是没有关系的。例如，如果认为红色的夸克仅有一种状态，那么交换颜色后就变成了其他状态。但是，即便存在这种状态，使用杨－米尔斯理论也是没有问题的。

所谓对称性自发破缺，只不过是能量最低状态的“真空”偶尔失去手征对称性，对称性的根基发生变化的现象。由于并不是在基本定律的层面上发生对称性破缺，因此即使利用杨－米尔斯理论也不会引起矛盾。

也就是说，只要手征对称性发生自发破缺，理论自身就具有交换顺时针自旋的上夸克和下夸克的对称性，也具有交换电子和中微子的对称性。只不过，希格斯场的作用隐藏了这一对称性。温伯格就是这么认为的。

像这样，通过使用希格斯场引起的对称性自发破缺，弱力的三大谜题就都被攻克了。由此表明电磁力、强力和弱力这三种力全部都是以杨－米尔斯理论为基础的。

6. 宇宙诞生之后的 $1/10^{36}$ 秒

上一章曾介绍过，固体汞在 4.19 开尔文的温度下从普通金属变成超导体的现象是由“具有对称性的相”变成“对称性自发破缺的相”的过程，这种变化叫作相变。这与随着水温下降，水发生相变后变成冰的现象是一样的。

同理，可以说现在我们的宇宙存在于基本粒子具有质量，弱力的手征对称性发生自发破缺的相中。

普遍的看法是我们的宇宙大约与137亿年前的大爆炸状态是同时诞生的。回溯宇宙的历史，因为宇宙是不断升高温度的，所以在遥远的过去宇宙应该是温度很高、具有手征对称性的相。通过计算我们发现，宇宙具有这种温度的时候是宇宙开辟之后的$1/10^{12}$秒。在此之前的宇宙中，手征对称性是不发生破缺，夸克和电子等费米子以及传递其间弱力的W玻色子也是没有质量的。然而，随着宇宙的膨胀和冷却，标准模型发生了相变，手征对称性出现了自发破缺，基本粒子也拥有了质量。

在宇宙开辟的时候，弱力和电磁力均是由没有质量的粒子进行传递的长程力。然而，宇宙的相变让W玻色子拥有了质量，弱力变成了短程力。另一方面，光子仍然没有质量，电磁力也依旧是长程力。

上一章开头讲解对称性自发破缺的时候，举出了同卵双胞胎的例子。他们在受精时是具有相同DNA而无法区别的双胞胎兄弟，不过随着成长发育，他们的模样、性格和行为方式等方面会出现差异。同理，宇宙大爆炸的时候电磁力与弱力也是无法区别的一种力，然而随着宇宙膨胀和冷却引起相变，对称性自发破缺使其拥有了各自不同的性质。

标准模型虽然统一了弱力和电磁力，却没有涵盖强力。用杨－米尔斯理论表述这三种力都是一样的，只是力的强度不同。不过，在比标准模型理论更为根本的理论中，这三种力是统一的。这一理论叫作“大统一理论”。该理论认为，从宇宙开辟的时间点到 $1/10^{36}$ 秒之间这三种力具有相同的性质，这一刻发生的相变单独把强力与另外两种力区分出来。到了 $1/10^{12}$ 秒的时候，希格斯场引起的相变进一步把弱力和电磁力也区别开了。

7. 希格斯为什么讨厌“糖稀”

希格斯玻色子被发现的时候，报纸、电视和杂志等媒体的报道均称该粒子为“质量的起源”。

另外，在这种关于发现希格斯玻色子的报道中，媒体频繁使用了“糖稀”的比喻。原本没有质量的电子和夸克与充满空间的希格斯玻色子如同糖稀一样互相缠绕，阻碍试图通过它们的粒子运动。粒子就是这样被给予“动起来的难度”（＝“质量”）的。

但是，这种解释是错误的。

把希格斯场比喻为“糖稀”的解释混淆了“质量的效应”和“抵抗的效应”。如第一章所述，质量是指“改变运动状态的难度”。如果施加的外力的大小相同，那么质量越大的物体，其运动状态的变化就越小。只要物体具有较大的质量，那么使静止的物体动起来就会很难，使已经处于运动状态的物体停下来也不容易。

“糖稀”的效应与此并不相同。在糖稀中使静止的物体动起来确实较难，但是已经处于运动状态的物体会因摩擦而停下来。这点与质量的效应完全相反。质量与抵抗是有区别的。

希格斯本人似乎也觉得“糖稀”的解释不妥，他曾经说过这样的话：

我真的非常讨厌糖稀那种解释。糖稀的效应中会损失能量，而“希格斯场的效应”却不会。

8. 希格斯场对质量的起源没有做出任何解释

那么，如何利用希格斯场解释基本粒子的质量呢？让我们与电磁场的效应对比着思考一下希格斯场。

电子这种携带电荷的粒子只要通过存在电磁场的地方，粒子的运动状态就会发生变化。与之类似，通过希格斯场的基本粒子会发生性质的变化。不过，希格斯场不像电磁场那样会导致粒子的运动发生变化，而是使粒子的质量发生变化。

在电磁场中，只要增加电磁场的强度，其中的电子所受的力就会变大。如果电磁场减弱，电子所受的力也会变弱。当电磁场消失的时候，电子所受的力也会变为零。与之相同，希格斯场的数值变化会改变基本粒子的质量。只要增大希格斯场的值，所有基本粒子的质量就会一律变大，而希格斯场的值变小，基本粒子的质量就会一律变小。

可是，虽说基本粒子的质量会因希格斯场的值发生变化，但并非所有基本粒子都具有相同的质量。基本粒子的质量是千差万别的。这是因为各种粒子所携带的“希格斯荷”存在差异。

电磁场的影响力会因粒子的“电荷”大小不同而出现差别。电荷小的粒子受到来自电磁场的力较弱，而电荷大的粒子所受的力较强。同理，基本粒子具有表示受到希格斯场影响力程度的“希格斯荷”。希格斯荷小的基本粒子因为受到场的影响较弱所以其质量较小，而携带较大希格斯荷的基本粒子的质量也较大。由于传递电磁力的光子不携带希格斯荷，因此它没有质量。也就是说，基本粒子的质量等于“希格斯荷 × 希格斯场的值”。

如果希格斯场具有这样的性质，那么即使传递弱力的 W 玻色子以及释放和吸收它的费米子具有质量，也不会与弱力的作用方式产生矛盾。弱力的三大谜题就能解开了，思考希格斯场的意义正是在此。

不过，目前我们尚不了解如何确定希格斯荷与希格斯场的值。因为我们通过实验已经知道了基本粒子的质量，所以可以根据“希格斯荷 × 希格斯场的值”倒着算出希格斯荷及希格斯场的值。但是，我们无法通过基本定律推导出它们的值。

认为希格斯玻色子是“质量之起源”的人听了现在的话可能会感到失望。因为这里只说了“基本粒子之所以具有质量，是因为存在希格斯场和希格斯荷”。确立标准模型之前的说法是“这个世界的基本粒子具有质量”，标准模型只是将其换成了“这个世界存在希格斯场和希格斯荷”。至于如何确定希格斯场的值及希格斯荷却缄口不言。或许也有人想说：“这种程度的解释无异于对质量的本质和起源没有做出任何解释”。

面对这种质疑，我的回答是“没错！”

最初基本粒子理论的研究者们并不是为了“解释基本粒子的质量起源”这个问题想出标准模型的。导入希格斯场是为了解开弱力的三大谜题。另外，他们发现利用希格斯场可以实现电磁力和弱力的统一。

关于希格斯玻色子是“质量之源”的解释是为了把经过多年整理的标准模型理论介绍给普通民众而创造出来的说法。面向一般读者的科学宣传及解说报道中出现“糖稀”这种比喻，也是因为媒体硬要解释连包含希格斯场机制的标准模型都无法理解的“基本粒子的质量之源”。

同样是质量，我们却可以自信地说，对于强子（质子、中子、介子等由夸克构成的粒子）的质量已经通过基础理论“理解了起源”。如第三章所述，质子和中子的质量有99%的比例源自强力的能量，强力受杨－米尔斯理论所支配。物理学家仅将这一点视为基本原理，除此之外没有做任何假设，就从理论上推导出了强子的质量。我认为这是包含强力的标准模型之杰作。另外，其本质用爱因斯坦的公式

“$E=mc^2$”就表明了能量与质量是相同的。

构成我们的物质的质量几乎全部来自质子和中子的质量，其起源是用公式“$E=mc^2$”把强力的能量翻译成了质量。

我个人认为，在解释万物的质量问题上，“$E=mc^2$”要比“糖稀”更为精妙。

希格斯场孕育了构成剩余 1% 质量的电子和夸克等基本粒子的质量。不过，标准模型并未说明如何确定每种基本粒子的希格斯荷的值。我们也没有确定希格斯场的值的原理。希格斯场的值和各种粒子所携带的希格斯荷是由基本粒子的质量倒算出来的，而不是通过基本原理推导出来的。

标准模型没有说明基本粒子的“质量之源”。不过即便如此，我想很多读者阅读到这里，已经充分了解到了标准模型的伟大之处。构筑标准模型的研究者们的夙愿是用杨－米尔斯理论统一自然界中的三种力。他们利用希格斯场的对称性自发破缺已经能够实现这一愿望了。

对于基本粒子之质量起源的理解，是一个应该由超越标准模型理论的，更为根本的基本粒子理论去解决的问题，这是留给未来的任务。

9. 希格斯玻色子是如何诞生的

阅读到这里，可能会有读者产生这样的疑问：“请等一等。刚才光说希格斯场了，关键的希格斯玻色子情况如何呢？”

在之前的内容中，南部－戈德斯通玻色子是个重要的角色。只要发生对称性自发破缺就必然会出现该粒子。另外，该粒子是 W 玻色子的纵波。正如上一章所述，如果对称性不发生破缺，弱力的粒子就不会拥有质量，而且仅有横波，但只要发生对称性破缺使粒子具有了质量，纵波就变得不可或缺。而且，南部－戈德斯通玻色子会变身为相应粒子的纵波。因为实验已经直接观测到了 W 玻色子的纵波，所以也可以说确认了南部－戈德斯通玻色子的存在。

不过，希格斯场引出的粒子并不是仅有这一种。希格斯通过仔细调研自己创立的模型发现，希格斯场中波的最小单位除了南部－戈德斯通玻色子之外，还存在另外一种具有质量的玻色子。它就是希格斯玻色子。

本节的内容主要面向那些想要详细了解希格斯场如何产生希格斯

玻色子的读者而写。因为这部分不是理解本书后面内容的必要知识，所以倘若你觉得理解起来困难，可以直接跳读到下一节。当你读完全书之后，想要理解更为深入的内容时，请回到这一节来。

为了解释希格斯玻色子的出现，首先需要讲解一下希格斯场具体为何物。

请尝试思考一下图 6-2 中描绘的球体运动。中央部位凸起的“山”和围绕在其四周的“谷”，即使固定住中心使其旋转起来也不会有什么变化。这个图是具有旋转对称性的。

我们假设那里仿佛存在向下的引力作用，球体向下运动的时候能量会变低。因为标准模型不包括引力，所以那并不是真正的引力作用。希格斯场所具有的能量就类似于该图。

让我们在山顶放置一个球。此时山谷整体仍然保持着对称性。由于山顶不稳定，球会从山上滚落下来。之后会怎样呢？当球在谷底的某个地方停稳，其状态就已经不再是旋转对称的了。球的位置使其选择了特定的方向，因此发生了对称性自发破缺。

接下来是有关希格斯场的说明。如第二章所述，场是每个地方都是固定数值的场所。希格斯等人的理论认为图中所描述球的位置就是场的值。因为这可能是一个比较陌生的观点，所以我在这里稍作解释。

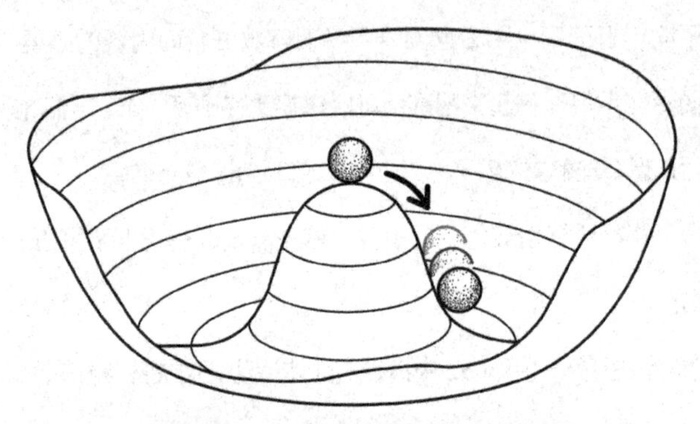

图 6-2　这是希格斯等人想出的模型。放置于山顶上的球由于不稳定而跌落。此时发生了旋转对称性自发破缺

在上一章出现的体育馆的比喻中，体育馆中各个角落的人的朝向是确定的。在这种情况下，我们可以认为体育馆中存在“人的朝向的场”。如果地点不同，那么站在那里的人所面向的方向即使不同也没有关系。这就是场的观点。

与之类似，只要存在希格斯场，那么无论到我们空间的任何角落，希格斯场的值都是确定的。当有人问“这个地方的希格斯场的值是多少”时，我们就可以指着图中的某个位置回答说：“这就是这个地方的希格斯场的值”。图 6-2 中希格斯场的所描绘的球，就用于指定希格斯场的值。因为希格斯场的值可以因地点不同而出现差异，所以图中球的位置是可以变动的。

例如，希格斯场的能量最低状态在任何地方都是表示为球处于谷底的确定位置。当希格斯场变为那样的数值时，就会出现对称性破缺。

在体育馆的比喻中，人们即使缓慢地摆动头部，也几乎不会消耗能量。另外，摆头的涟漪的最小单位是伴随对称性自发破缺出现的南部－戈德斯通玻色子。在希格斯场中与之对应的运动是球的位置沿着谷底缓慢移动（图 6-3）。因为在谷底的能量最小，所以球只要贴着谷底缓慢移动就几乎不消耗能量。接下来希格斯场就会产生南部－戈德斯通玻色子。

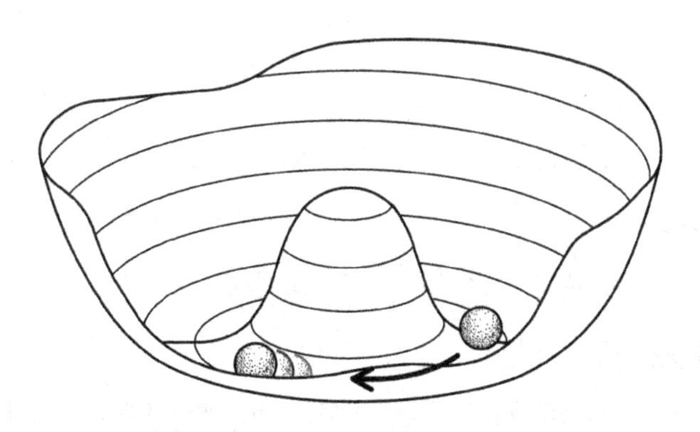

图 6-3　由于球沿着谷底爬行，因而产生了南部－戈德斯通玻色子

与此相反，我们也可以想到球在山谷之间上下起伏的运动（图 6-4）。与这一运动对应的粒子就是希格斯预言的希格斯玻色子。

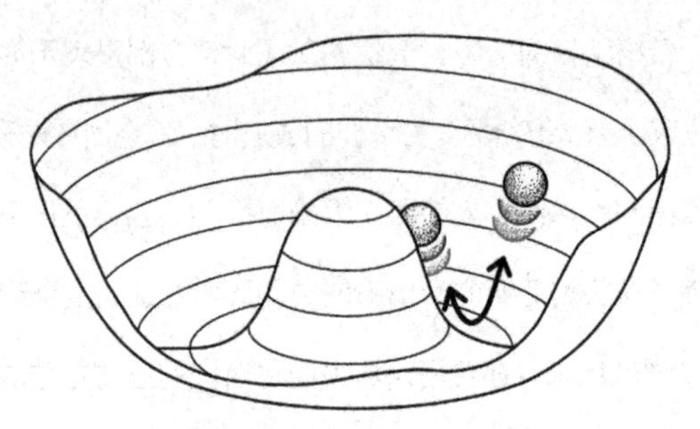

图 6-4 由于球在山谷之间上下起伏，因而产生了希格斯玻色子

产生希格斯玻色子的“上下起伏运动”没有直接参与对称性自发破缺。W 玻色子的纵波是沿着谷底爬行的南部 - 戈德斯通玻色子。希格斯玻色子可以说是副产品。

实际上，也有发生对称性自发破缺但不出现希格斯玻色子的理论。解释弱力三大谜题的另外一个理论“人工色理论”便是其中的一个例子。因为该理论不包含图中小球上下起伏的运动，所以没有预言与希格斯玻色子对应的粒子。

因此，希格斯玻色子尽管不是对称性自发破缺的必要粒子，却成为了希格斯等人的理论象征。如果能够发现希格斯玻色子，就能证明希格斯等人的理论是正确的，而人工色理论是错误的。从这层意思上看，希格斯玻色子的有无备受瞩目。

10. 希格斯玻色子并非“上帝粒子”

以上内容讲述了弱力的三大谜题全都能由希格斯场解决。你阅读之后的感觉如何呢？我想可能有很多人对该解释的印象是这样的：“虽然理论上是符合逻辑的，但总感觉像是附加的借口。”因为毕竟是为了手征对称性发生自发破缺才将希格斯场这一新的场引入理论之中的。

这种印象真是一语中的。希格斯等人的理论被发表的时候，给基本粒子理论的专家们也留下了与之类似的印象。我们物理学家把这种导入新材料的机会主义做法称为“手动添加”。

当然，之所以提出这样的观点是因为存在理论上的制约，尽管如此物理学家还是发出了很多质疑的声音，例如“可以随意添加那样的东西吗”“这简直是围棋中的‘无理手’[①]”等。也有不少人认为没有预言希格斯玻色子的“人工色理论”是正确的观点。

对称性自发破缺的机制中存在各种可能，其中哪一个会被自然界的基本定律采纳变成了一个巨大的难题。使用希格斯场的机制具有预

---

① 围棋中指过于勉强的着手。

言希格斯玻色子的特征。因此，甄别是否存在希格斯玻色子变得尤为必要。

不过，发现希格斯玻色子并不是一件容易的事。虽然我们知道希格斯玻色子具有质量，但是无法通过理论预测它的值。

基本粒子的标准模型包含粒子的质量、力的强度等 18 个参数，我们已经掌握了其中的 17 个。例如 W 玻色子的质量。在该粒子被发现以前，就根据弱力的作用方式计算并预言了相应的数值。但是，我们唯独不知道希格斯玻色子的质量。希格斯玻色子的质量曾是第 18 个未定的参数。

因此，我们可以想到下面那种地毯式探索的方法。

假设希格斯玻色子的质量为某一数值，例如 1000 亿电子伏特（100 GeV）。如果该数值是正确的，那么标准模型的 18 个参数就会全部变为确定的数值。因而我们可以根据理论计算，准确预言标准模型中发生的一切现象。例如，假设加速质子使其正面碰撞的时候会产生希格斯玻色子，然后希格斯玻色子再进一步衰变成各种各样的粒子。如果我们知道希格斯玻色子的质量为 1000 亿电子伏特，就能正确计算标准模型中发生的现象，因而可以预测出粒子的种类、数量以及能量。如果发生了以上的假设过程，那么它将成为发现了质量为 1000 亿电子伏特的希格斯玻色子的证据。

当然，因为1000亿电子伏特的质量只是一个假设的数值，所以希格斯玻色子的质量可能不是这个值。因此，我们应当反复验证所有可能成为希格斯玻色子质量的数值。这就是“希格斯玻色子的地毯式探索”。

在用加速器探测新粒子的时候，如果我们事先知道它的质量，就可以在其能量的范围内进行有针对性的实验。不过，由于我们不知道希格斯玻色子的质量，因此并不清楚使用多大的能量使粒子对撞能够检测出它来。自该理论发表以来，每当建成更高能量的加速器，都会尝试希格斯玻色子的检测。可是，由于不掌握其质量，所以很难发现该粒子。

你应该想象得到这是多么艰难的工作。从预言希格斯玻色子的1964年开始，到希格斯玻色子这种新粒子被发现，经过了长达48年的岁月。

经过如此漫长的等待，甚至有科学家把介绍希格斯玻色子的书籍命名为《该死的粒子》(*Goddamn Particle*)。他就是费米国家加速器实验室的第二任所长利昂·莱德曼，该人曾因发现μ子中微子而获得诺贝尔奖。“goddamn”这个词可以理解为“上帝(god)被诅咒

（damn）”，具有“这个畜生”或“该死的”的意思。这是一个平时不能使用的粗俗词汇，如果该词从虔诚的基督教徒口中说出，那么这种行为甚至会被视为冒犯上帝。实际上，在美国有相关的条文规定，出现该词的电影“不适宜未满13岁的儿童观看”。因此，负责该书的编辑没有采纳原稿中这个令人讨厌的书名（莱德曼的书在第一章写下了这个理由）。

于是编辑将书名换成了《上帝粒子》（*God Particle*）。可能有很多人在媒体报道中耳闻目睹过这个词。莱德曼的启蒙书书名就此广泛传播开来，最终“上帝粒子”变成了希格斯玻色子的别称。

不过，希格斯玻色子原本是“该死的粒子”，这是基本粒子物理学家们的真心话。因此“上帝粒子”这一俗称在专家的圈子里评价很差。

11. 诺贝尔奖得主将会是谁

由于该粒子如此特殊，对于是否真的发现了希格斯玻色子，很多研究者都持半信半疑的态度。之所以预言“手动添加”的希格斯场，是为了合理推导出场的量子理论、用数学解释弱力的作用方式，因此也让研究者感觉这么做有些牵强。而且仍无从知晓该粒子的质量。但是，LHC 的上一代加速器 LEP 和费米国家加速器实验室的 Tevatron 等加速器对有可能的质量进行了地毯式的探索，缩小了目标的范围。后来 LHC 终于成功地检测出了希格斯玻色子。经过穷追不舍的质量探索，终于发现了质量为氢原子 134 倍（即 1260 亿电子伏特）的新粒子。

既然已经发现了希格斯玻色子，那么希格斯等人的理论就不再是纸上谈兵。自然界竟然采纳了人类用铅笔和纸思考出来的机制，确实令我们物理学家非常震惊。

听说发现希格斯玻色子的新闻时，我想起了温伯格曾经说过的话。

我们的错误并不在于我们太把自己的理论当回事，而在于我们没有给予它们足够的重视。

希格斯玻色子的发现既是支撑实验的 CERN 在技术力量上的胜利，也是从理论的合理性出发预言新粒子存在的数学力量的胜利。

如此伟大的发现肯定会在不远的将来成为诺贝尔奖的颁奖对象。前几天我也获得了与一位诺贝尔奖评审委员一起吃饭的机会，同桌的人们向他打听了谁将何时获奖的问题，我也侧耳倾听了一下（当然这位委员严守秘密，并没有透露相关信息）。

如前文所述，有三个团队几乎同时发表了这个理论。

1964年7月16日，希格斯收到了在本章开头主张“包含狭义相对论的理论必然存在南部－戈德斯通玻色子”的吉尔伯特的论文。希格斯最初认为如此将对称性自发破缺应用于基本粒子理论是不可能的，经过深思熟虑后发现吉尔伯特的论点存在缺陷，他通过弥补上这一缺陷在狭义相对论的框架内发现了“南部－戈德斯通玻色子消失后，光拥有了质量”的机制。他成功地把南部阐明的迈斯纳效应与狭义相对论联系了起来。随后，他把这一发现整理成论文，并于两周后的7月31日把论文投到了欧洲的杂志《物理快报》（*Physics Letters*）。

然而希格斯的文章没有得到审稿人的理解，被退了回来。审稿人在信中这样写道：“这篇论文没有得到紧急出版的认可。”正如格娄斯与我对谈时说的那样，当时场的量子理论被认为毫无用武之地，并不是基本粒子理论中的主流。可能因为希格斯的论文是用场的量子理论的语言撰写的，所以审稿人认为其不重要。希格斯本人也说：“可能因为场的量子理论被视为奄奄一息的研究领域，所以没有得到审稿人的认可。”

于是希格斯对论文内容稍加改动，添加了一段简短的文章，这部分内容提出了自己的模型出现了“具有质量且自旋为零的玻色子”的预言。自然不用说，这就是希格斯玻色子的预言。

既然欧洲的杂志不理解自己的论文，希格斯便将修改后的论文投向了美国的杂志《物理评论快报》(*Physical Review Letters*)，8 月 31 日编辑部收到了他的文章。但是，这次论文也立马被驳回。审稿人告诉希格斯:“这是一篇不错的论文，然而 8 月 31 日我们正好准备刊登同样内容的论文。”那篇论文是 6 月 26 日布绕特和恩格勒投的稿，早于希格斯阅读到吉尔伯特的论文。

不过，他们的论文中没有提及“具有质量的玻色子”。后来恩格勒说:“我认为出现那种粒子是不言而喻的。只要存在希格斯场，其涟漪必然变成粒子。”

顺便介绍一下，后来得知审阅布绕特和恩格勒的论文以及希格斯的论文的审稿人都是南部阳一郎。在构筑对称性自发破缺理论的时候，南部阳一郎就预见该理论能够应用于基本粒子理论。不过，他没有亲自尝试将其用于杨－米尔斯场。据其本人回忆，因为迈斯纳效应得到了认可，所以他认为可能没有必要进一步解释说明了。南部阳一郎自身的兴趣在于使用对称性破缺研究质子、中子和介子等强子的性质，这在第一章和第三章所介绍的根据强力推导出强子质量的内容上就有所体现。

在希格斯的论文出版之后，据说曼哈顿计划的领导者奥本海默曾对南部阳一郎这样说道："读了希格斯的论文后，我终于明白你所说的内容了。"

那时伦敦的古拉尔尼克、哈根和基伯三人也撰写了同样观点的论文。但是他们投稿的那天正好是布绕特和恩格勒的理论被登到《物理评论快报》杂志上的 8 月 31 日，与希格斯那出版前的草稿是同时寄到编辑部的。据基伯他们的回忆，受英国的罢工影响，滞留的邮件是之后才一下子全都派发出去的。虽然我们不知道他们三人是否为此感到遗憾，但他们的论文还是登上了 11 月 16 日的《物理评论快报》杂志。

因为事情存在这么复杂的始末，所以除了已经去世的布绕特以外的五人（恩格勒、希格斯、古拉尔尼克、哈根、基伯）都成为了诺贝尔奖的候选人。但是，诺贝尔奖得主的上限为三人。诺贝尔奖评委会将作出怎样的决断很值得我们期待。

不过，他们已经获得了远比诺贝尔奖更为伟大的东西。自然界的基本定律采纳了他们自己想出的理论。我认为他们的理论通过实验得到认可是最珍贵的宝物。

此外，实际发现希格斯玻色子的实验物理学家也值得获奖。多达几千人的研究者参与了 LHC 的实验，但之前的诺贝尔物理学奖都是授予个人的。不过，诺贝尔和平奖曾有以国际红十字会等组织为授奖对象的先例。2012 年的诺贝尔和平奖就授予了团体组织欧盟。诺贝尔物理学奖可能会首次以组织为授奖对象，将该奖项授予 CERN 或者参与 LHC 实验的团队。

第七章

完成标准模型的 CERN 之力

构成物质的费米子是由美国发现的，传递其间作用力的玻色子是由欧洲发现的。通过实验验证标准模型的历史也是加速器物理学在欧洲崛起、在美国衰落的历史。

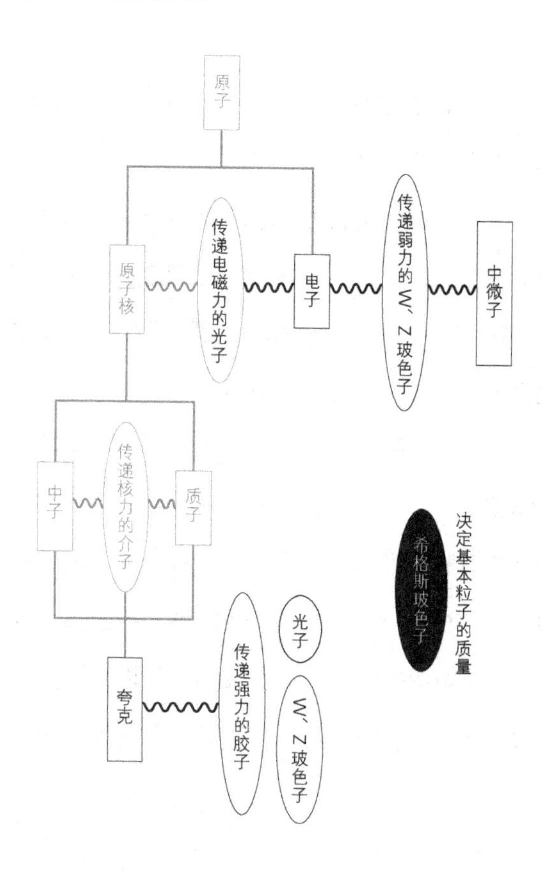

1. 让青蛙变王子的“霍夫特之吻”

Weinberg-Salam 模型解决了弱力的三大谜题，统一了电磁力和弱力。但是，该理论并没有马上被大家接受。

正如格娄斯与我对谈时叙述的那样，20 世纪 60 年代“场的量子理论”被认为毫无用武之地，并不是基本粒子理论领域中的主流。因此，利用了场的量子理论的 Weinberg-Salam 模型也没有引起人们重视。

就连温伯格本人也没有进一步深入研究自己的模型。

打开这种局面的仍是那位天才，也就是曾出现于本书第三章的霍夫特。他获得了被认为不可能的杨 - 米尔斯理论“重整化”的成功之后，又在希格斯场引起的对称性自发破缺中证明了“重整化”的可能性。也就是说，场的量子理论也可以应用于 Weinberg-Salam 模型。

彼时，在阿姆斯特丹召开的国际会议的尾声环节，韦尔特曼给予了爱徒霍夫特 10 分钟的演讲时间，他在介绍霍夫特的时候是这么说的：

最后请霍夫特先生发表演讲。在我至今听过的理论中，他的理论是最优美的。

于是关于 Weinberg-Salam 模型的状况发生了翻天覆地的变化。在基本粒子理论的研究领域获得很多业绩的西德尼·科尔曼把霍夫特的贡献评价为：

霍夫特之吻将温伯格的丑陋青蛙变成了王子。

因为在此之前温伯格论文的引用次数仅为一次，所以称之为“丑陋的青蛙”也并不过分。不过，现在温伯格的论文已经变成了基本粒子物理学领域引用最多的论文了。

2. CERN 通过发现 Z 玻色子，在与美国的比赛中扳回一局

虽然霍夫特之吻从理论上证明了 Weinberg-Salam 模型，但要想让大家认可它的正确性，还需要实验的验证。因为该理论预言了未知粒

子的存在，所以必须通过实验来确认。

该粒子已经在本书中出现过多次，那就是传递弱力的 W 玻色子和 Z 玻色子。Weinberg-Salam 模型预言传递弱力的玻色子有两种，分别为具有电荷的 W 玻色子和电荷为零的 Z 玻色子。由于“W”是“Weak”的首字母，因此我们知道其命名的意义。那么“Z”代表什么意思呢？温伯格在命名这个粒子的时候，希望“新粒子就此终止”。因为 Z 是拉丁字母的最后一个字母。此外，它还是“Zero”的首字母，似乎也表示电荷为零的意思。

在这两种玻色子中，具有特别重要意义的是 Z 玻色子的预言。这是因为我们已经熟知 W 玻色子的作用方式，而尚未发现 Z 玻色子参与的反应。

让我们在这里回想一下久违的“β 衰变”。该反应是由 W 玻色子的作用引起的。中子释放 W 玻色子后变为质子，吸收该 W 玻色子的中微子变为电子。无论是【中子→质子】还是【中微子→电子】，在这两个过程中粒子的电荷都发生了变化。因为传递弱力的 W 玻色子具有正或负的电荷，所以引起了这种反应。

不过，根据 Weinberg-Salam 模型的预言，Z 玻色子是没有电荷的。那么，该粒子将会引起什么样的反应呢？例如电子和中微子在交换 Z 玻色子的时候，与 W 玻色子的情况不同，粒子的种类不会发生变化。电子和中微子互相碰撞后，将保持原状弹回。因此，如果实验能够观测到这样的反应，将成为存在 Z 玻色子的间接证据，从而证明 Weinberg-Salam 模型是正确的。

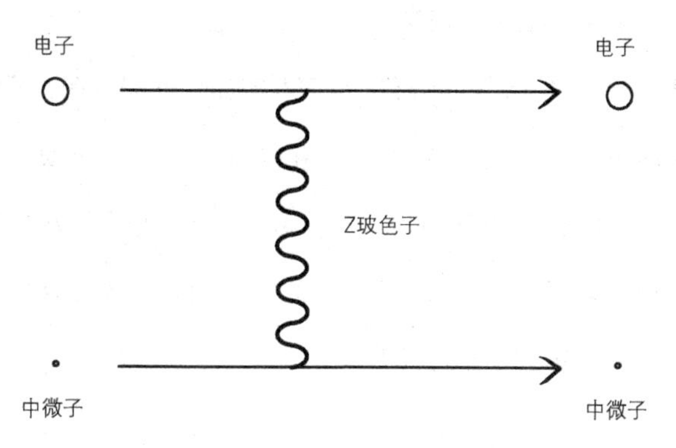

图 7–1　Weinberg-Salam 模型预言了 Z 玻色子

1973 年，CERN 发现了该粒子。

在此之前，美国以诸多突出业绩在加速器实验领域已经把欧洲远远地甩在了身后。20 世纪 50 年代至 60 年代的“新粒子大丰收革命”也是美国的加速器所掀起的。我已经在书中介绍过伯克利的 Bevatron 和斯坦福大学的 SLAC，除此之外，布鲁克海文国家实验室和费米国家加速器实验室等研究机构的加速器也在该期间大展身手。从第二次世界大战中重现站起来的欧洲也于 1954 年设立了共同的研究机构 CERN，不过完全赶不上美国的发展脚步。

但是，CERN 在与费米国家加速器实验室的竞争中大获全胜，确认了 Z 玻色子引起的反应“电子 + 中微子→电子 + 中微子”。或许可以说，欧洲的加速器终于在这一点上扳回一局。

其实，在温伯格等人预言存在该粒子之前，就有人提出了存在 Z 玻色子这种中性粒子的相关理论。不过，Weinberg-Salam 模型精密地预言了 Z 玻色子所传递的力的大小和反应类型。这个定量的预言是 CERN 通过实验验证该粒子的关键。因此，格拉肖、温伯格和萨拉姆三人获得了 1979 年的诺贝尔物理学奖。

3. 费米子是由美国发现的，玻色子是由欧洲发现的？

不过，此时 CERN 的加速器发现的是由 Z 玻色子引起的反应，并不是 Z 玻色子本身。在直接发现弱力的粒子这项工作中，Z 玻色子和未发现的 W 玻色子仍未浮出水面。

实验物理学家卡罗 · 鲁比亚想出了能实现这个目标的新的加速器

实验方法。他曾在美国的费米国家加速器实验室担任确认 Z 玻色子反应的实验团队的领导。在与 CERN 竞争发现 Z 玻色子“间接证据”中落败之后，鲁比亚不想在“直接证据”的发现上再输一次，他内心燃起了获胜的斗志。

鲁比亚想到的是质子和反质子对撞实验。这是一个奇特的想法，此前没有人使用加速器加速过反质子等反粒子。不过，他认为加速器物理学的将来就在于此，于是在 1976 年向当时的费米国家加速器实验室的主任罗伯特·威尔逊提出了自己的实验方案。但是，威尔逊主任认为加速反质子简直是痴人说梦，因而没有予以批准。于是鲁比亚带着同样的实验方案来到了欧洲。在此之前与鲁比亚的团队互相竞争的 CERN 接受了鲁比亚的方案，并认为这是战胜美国研究机构的良机。他们把刚刚建成的超级质子同步加速器改造成了反质子加速器。从此鲁比亚也成为了 CERN 的一员。

不过，打造鲁比亚提出的实验装置并非一件易事。只要反粒子与粒子相遇就会立刻湮灭成光。而且，要想观测 W 玻色子和 Z 玻色子必须创造出大量的反质子进行加速。这是一个极其难以实现的课题。荷兰的加速器专家西蒙·范德梅尔想出了克服这一难题的方法。他开发出一项革新的技术，可以让 5000 亿个反质子以相同的速度一齐朝同一方向列队前行。这项技术让鲁比亚的实验变为可能。

CERN 利用这种加速器，让“UA1”和“UA2”两个观测团队同时进行实验。分成两个团队不仅仅是为了让彼此互相竞争，还有对照各自实验结果的目的，发现希格斯玻色子的 LHC 也是这么做的。实际上，LHC 的 CMS 实验团队和 ATLAS 实验团队就是分别由 UA1 和 UA2 发展而来的。

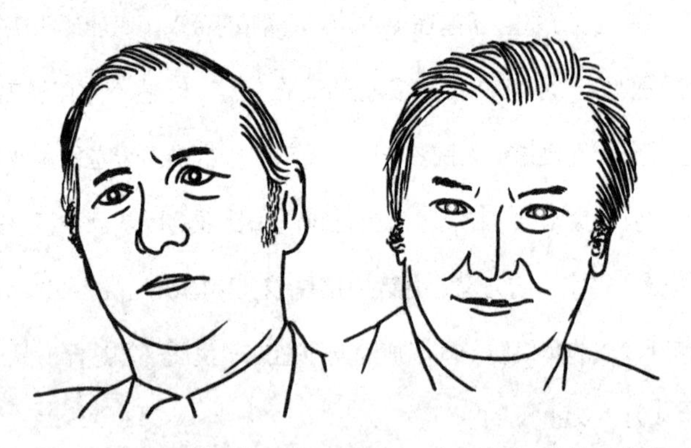

图 7–2　西蒙·范德梅尔（1925—2011）与卡罗·鲁比亚（1934—　）

随后，CERN 在 1983 年的 1 月和 6 月分别公布了 W 玻色子和 Z 玻色子的发现。提出该实现构想以及领导 UA1 团队成功发现新粒子的鲁比亚和将该实验变为可能的范德梅尔，获得了次年的诺贝尔物理学奖。这是授予 CERN 实验的首个诺贝尔奖。此时或许可以说欧洲的加速器已经与美国并驾齐驱了。

当CERN公布发现了Z玻色子的时候，《纽约时报》以“欧洲3，美国连Z（Zero）都没取得”为题发表了一篇社论（“3”指的是带有正电荷和负电荷的W玻色子和Z玻色子这三种基本粒子的数量）。

关于自然界基本力的重要理论得到验证真是精妙绝伦。然而，美国在物质的终极构成要素的发现工作上已经落在了竞争对手欧洲的身后。

美国的SLAC国家加速器实验室和布鲁克海文国家实验室于1974年同时发现了粲夸克。费米国家加速器实验室在1977年和1995年分别发现了底夸克和顶夸克。这些夸克全部都是费米子。因此，当时流传的说法是“费米子是由美国发现的，玻色子是由欧洲发现的”。

希格斯玻色子也是玻色子，但是并没有人信“玻色子由欧洲发现”这个邪。美国也开始准备参与检测出该粒子的角逐。1987年超导超大型加速器（SSC）的建设得到了里根总统的首肯。该加速器预计能够产生40万亿单子伏特（40 TeV）的能量，可以使20万亿电子伏特（20 TeV）的质子发生正面撞击。

然而，由于美国的国家财政吃紧，美国议会在1993年放弃了这一设施的建设。当时已经挖完了30%的圆周为87千米的大型隧道。对于美国的基本粒子物理学的研究而言，这真是沉重的打击。1994年我离开日本京都大学的数理解析研究所，来到了加利福尼亚大学伯克利分校任教，当时深切感受到了参与美国SSC准备工作的人们的失落和沮丧。

不过，费米国家加速器实验室的Tevatron转年发现了顶夸克。随后Tevatron也进行了检测希格斯玻色子的探索，最终得到的结论是如果存在该粒子，那么其质量必然在1150亿电子伏特（115 GeV）到1560亿电子伏特（156 GeV）之间（即可以排除此外的可能性），然而当时并没有发现该粒子。2011年Tevatron的终止使用宣告美国大型加速器实验的时代结束了。

1989年，CERN在圆周为27千米的地下隧道内建造了大型正负电子对撞机（LEP）。通过电子和正电子发生对撞，该加速器精密地验证了标准模型的参数。

虽然LEP于2000年就终止了使用，但CERN并没有放弃对希格斯玻色子的检测。或许可以说在那之后他们反而更有干劲了。因此，CERN在过去建造LEP的地下隧道内建成了世界最大的加速器LHC。

4. 为什么需要如此巨大的加速器

在建造 LHC 之前，能够产生世界最大能量的加速器是费米国家加速器实验室的 Tevatron。由它加速的质子和反质子撞击时的最大能量将近 2 万亿电子伏特（2 TeV）。由于人类首次将加速器的能量水平提高到了“TeV”的级别，因此该加速器得名“Tevatron”（万亿电子伏加速器）。

CERN 的 LHC 所产生的最大能量为 14 万亿电子伏特（14 TeV）。因此，Tevatron 已经成为“明日黄花”，被迫停止使用也是在所难免。

让我们回忆一下基本粒子物理学的能量单位。1 万亿电子伏特（1 TeV）对应着 1 万亿伏特加速时的巨大能量。

我们之所以追求产生巨大能量的加速器，是出于以下两个理由。第一个理由是，发现质量较大的新粒子需要较高的能量。根据公式“$E=mc^2$”，微小的质量可以转换成巨大的能量，反过来讲，要想制造并检测出质量大的粒子必然需要更高的能量。例如顶夸克的质量约为 1700 亿电子伏特（170 GeV）。因为该粒子的质量将近质子质量的 200

倍，所以如果没有 Tevatron 那种级别的高能就无法发现该粒子。

另外一个更为根本的理由是，“能量越高越能看到微小的物体”。随着基本粒子物理学的发展，我们需要观察的微观世界变得越来越小。当初我们以为原子是“无法继续分割的基本粒子”，然而“基本”的水准从原子核与电子到质子与中子，再到夸克，发生了逐级变化。为了通过实验确认微观世界，分辨率更高的“显微镜”是不可或缺的。

但是，光学显微镜的分辨率上限为 $1/10^7$ 米。因为分辨率是由波长决定的（波长越短越能看到微小的物体），所以只要利用可视光就无法继续提高分辨率了。

于是电子显微镜应运而生。这种显微镜用“电子的波”代替了可视光。正如光具有“波”和“粒子”两方面性质，由于量子力学认为所有基本粒子都兼备“波”的性质，因此只要能够顺利支配电子就能使其当作波来利用。电子显微镜的分辨率为 $1/10^{10}$ 米。也就是说，电子线的波长是可视光线的 $1/10^3$。另外，“波长短”意味着“能量高”。因为能量高，所以比可视光线波长短的紫外线和 γ 射线会给人体带来损害。因此，“观测更小世界”的加速器一直都是以“产生更高能量”为目标的。

例如，1944 年建造、战后被占领军破坏的理化学研究所的同步加速器（参照第三章），其分辨率为 $1/10^{15}$ 米。它所能够观测到的微观世界比电子显微镜还要小 1 万倍。

那么，CERN 的 LHC 又如何呢？它的分辨率为 $1/10^{19}$ 米。与光学显微镜相比，它能够观测到小 10^{12} 倍的物体。可以说 LHC 是利用高能量的“世界最大的显微镜”。

5. 使质子加速到光速的 99.999999%

LHC 与上一代的 LEP 同样位于地下 100 米的圆周为 27 千米的隧道内。不同之处在于 LEP 利用的粒子是电子，而 LHC 利用的是质子。LHC 的工作机制为分别将顺时针和逆时针旋转的质子加速到光速的 99.999999%，使它们发生正面撞击。这一新型加速器之所以没有选用电子而是利用质子，是因为以同等能量加速电子的时候，会释放出过多的光子辐射而损耗能量。因为质子比电子重，所以即使提高能量也很难释放出光子辐射。

质子发生撞击的地方安装了两个探测器，它们是分别由两个实验团队各自控制的“ATLAS”和“CMS”。虽然质子的撞击在 1 秒内大概发生10亿次，但是与检测希格斯玻色子相关的事件在质子的1万亿次撞击中才发生一次。因此，快速处理庞大信息的计算能力变得尤为重要。CERN以互联网为依托开发出了信息共享系统，还发明了名为“网格”（Grid）的计算能力共享技术，从而实现了处理庞大实验数据的能力。

图7–3　LHC隧道中的质子加速装置。利用超导磁铁来控制质子的运动

此外，构成该加速器最重要的高科技零部件是“磁铁”。因为LHC是圆形的加速器，所以必须存在强大的磁力来控制超高速飞行的质子的传播方向。因此，该加速器内预设了冷却液氦至绝对温度1.9开尔

文后出现超导状态的电磁铁。预言希格斯玻色子的理论源自涉及超导理论的南部阳一郎的构想。由于探索希格斯玻色子使用了超导的技术，总让人感觉它们似乎存在某些“因缘”。

顺便介绍一下，LHC 的超导磁铁总重量为 27 吨，使用了 96 吨的液氦来冷却超导磁铁。因此 LHC 也变成了“世界最大的冰箱”。

LHC 中有大量的质子同时疾驰并发生撞击，它们的全部动能可以匹敌时速为 150 千米的 TGV（法国高铁）。使用在冷却液氦、超导磁铁和加速质子等方面的电力相当于 CERN 所在的日内瓦市所有家庭的耗电量。由此可见，该项实验的规模确实非常巨大。

6. 实验获得首次成功 9 天后出现的惨烈事故

在建造 LHC 的过程中，林登 · 埃文斯在设计和建设两方面发挥了重要的指导作用。埃文斯出生于威尔士的一个矿工家庭，毕业于当地的大学，从质子同步加速器的时代开始他就与 CERN 的加速器结下了不解之缘。这个加速器检测出了间接证明存在 Z 玻色子的反应“电子 + 中微子→电子 + 中微子”。埃文斯此后承担了超级质子同步加速器的设

图 7–4　林登・埃文斯（1945—　）

计任务，成为了该项目的负责人。前文已经讲过，这个加速器在发现 W 玻色子和 Z 玻色子的实验中发挥了重要作用。他还参与了 LEP 的建设，当该加速器的下一代 LHC 的建设计划得到批准后，埃文斯作为技术指导进一步晋升为负责 LHC 的副所长。

2008 年 9 月 10 日，第一批质子在埃文斯呕心沥血建造的 LHC 中沿着隧道动了起来。上午 10 时 30 分实现了质子的顺时针转动，4.5 小时后成功完成了质子的逆时针转动。埃文斯在控制室中看到如此场景，情不自禁地欢呼着喊道："成功了！"

然而，9 天后的 9 月 19 日，正在开会的埃文斯突然被叫走，离开了会场。加速器发生了叫作"quench"的紧急情况。电力系统的接触不良导致了氦的温度升高、超导状态消失。

因为在超导状态下电流畅通无阻，所以无论电流多么强大都不会因电阻而发热。正因为如此，才打造出了强大的电磁铁。因此只要超导状态消失，电磁铁就会丧失作用，然而事情并非如此简单。强大的电流遇到电阻后，温度会急剧升高。当液氦的绝对温度升高到 100 开尔文的时候，6 吨液氦就会汽化。随后汽化后的氦会急剧膨胀，从而逐步破坏压力阻隔。

当埃文斯赶到事故现场的时候，那里已经处于十分悲惨的状态了。由于隧道内充满了氦，因此普通人无法进去。佩戴氧气面罩的消防员进入隧道后发现，超导磁铁脱离了混凝土地基，眼前已经堆积了长达 500 米的灰尘。高温熔化了连接电路的 500 公斤铜线。

这一事故让 CERN 一度停止了 LHC 的运转。他们花了一年多的时间用于修理 53 块超导磁铁和检查电子系统。直到 2009 年的 10 月底，LHC 才重新投入使用。如果没有发生那次事故，或许能够早一些发现希格斯玻色子。

如前文所述，LHC 在设计之初旨在使用 14 万亿电子伏特（14 TeV）的能量让粒子对撞。然而再次运转的时候是以其中一半的能量为目标，并于 2010 年 3 月达到了 7 万亿电子伏特（7 TeV）。到了 2012 年 4 月能量提高到了 8 万亿电子伏特（8 TeV），3 个月后公布发现了被视为希格斯玻色子的新粒子。从 2013 年年初开始，该加速器进入了悠长的停歇期，预计全面检查完电子系统后，将以 14 万亿电子伏特（14 TeV）的能量开始运转。

7.“174 万次中偶然出现 1 次”的现象叫作“发现”

那么，LHC 的实验是如何确认存在希格斯玻色子的呢？

其实，希格斯在诞生之后会立即发生衰变。上一章曾介绍过，标准模型中基本粒子的质量等于“希格斯荷 × 希格斯场的值”。也就是说，具有质量的基本粒子都会受到希格斯场的影响。因此，希格斯玻色子可以衰变成具有质量的基本粒子及其反粒子的粒子对。由于基本粒子的质量越大，希格斯荷就越大，因此衰变也会越早发生。利用标准模型计算发现，希格斯玻色子的寿命大约仅为 $1/10^{22}$ 秒。

因为该粒子在如此短暂的时间内就会发生衰变，所以我们无法直接观测到希格斯玻色子本身。读到这里，可能会有人感到意外。因为我们在发现玻色子之后的报道中经常看到“我们周围的空间内充满了希格斯玻色子”这种介绍。

不过，显而易见的是诞生后立即衰变的粒子不可能“充满空间”。因为媒体报道中没有多余的篇幅来解释“场”，所以不得不使用了“充满粒子”的说法，然而充满空间的并非希格斯玻色子而是希格斯场。

任何角落都存在着电磁场、引力场、气压场和温度场，同样也存在着希格斯场。希格斯玻色子是该场中产生波的最小单位。实验的最初目的就是通过观测这种波来验证希格斯“场”的存在。

我们的周围充满了空气，让我们思考一下如何确认它的存在。例如，我们拍手会发出“啪”的声音。拍手时的冲击摇动了空气，使其产生了波。我们的耳朵可以捕捉到的声音就是这种波。因此我们可以通过声音判断存在传递该声音的空气。

验证希格斯场的存在也是如此。只是将拍手换成了让两个质子以超高速对撞。对撞时的冲击会摇动希格斯场，从而产生波。这种波就是观测希格斯玻色子的指标。

但是，因为希格斯玻色子会立即衰变，所以探测器观测到的是它衰变生成的其他粒子。

让我们看看 CMS 实验团队公布的实验数据图（图 7–5）。该图显示了未知粒子衰变成两个光子的事件数据。纵轴表示事件数量，横轴表示两个光子的能量之和。如果希格斯玻色子衰变成两个光子，那么根据“$E=mc^2$”，可知两个光子的质量之和等于希格斯玻色子的质量。

基本粒子的标准模型共有 18 个参数，如果知道了希格斯玻色子的质量，就能定下所有参数了。也就是说，只要确定下希格斯玻色子的质量，我们就可以通过理论计算并预测所有标准模型中发生的反应。

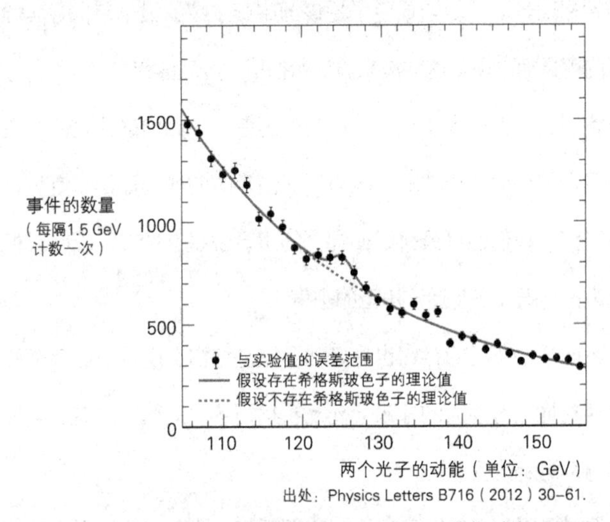

图 7–5　CMS 实验团队于 2012 年夏天公布的希格斯玻色子和预想的新粒子的证据

该图的实线表示假设希格斯玻色子的质量为 1260 亿电子伏特（126 GeV）时，理论上计算出来的质子正面撞击所产生的两个光子的数量。与之相对，虚线表示从这种计算中去除了产生希格斯玻色子的过程。也就是说，如果存在希格斯玻色子，而且其质量为 1260 亿电子伏特（126 GeV）的话，那么实线在 1260 亿电子伏特（126 GeV）的附近会出现 bump（隆起）。如果不存在希格斯玻色子，那么应该出现虚线所示的数据。用圆点表示的实验数据完美地跃上了 bump 所在的实线。这就是存在质量为 1260 亿电子伏特（126 GeV）的新粒子的证据。

不过，因为实验中存在各种各样的不确定性，所以我们不得不慎重解读这些数据。我们只了解质子对撞时产生何种粒子的概率，而且探测器的检测也存在误差。因此，测定结果中会出现某种程度的不定性，也就是说“涨落”是不可避免的。图 7–5 中从黑点冒出的竖线表示估算的涨落大小。如果涨落过大，就无法区分那是表示确定存在希格斯玻色子的 bump，还是仅为看上去像 bump 的涨落。因此，只要涨落不是远远小于 bump 的高度，就不能说发现了新粒子。

那么，“涨落足够小”是小到什么程度呢？CERN 在公布发现新粒子的半年前（2011 年 12 月）宣称“可能存在质量为 1240 亿电子伏特到 1260 亿电子伏特的新粒子”。报纸和电视的相关报道称之为“概率为 99.98% 的发现”，这到底是什么意思呢？

所谓 99.98% 的概率，是指统计的涨落效应（即偶然的概率）为 0.02%，也就是说 5000 次中出现 1 次。例如，掷骰子连续 5 次是一点的概率为 7776 次中出现 1 次，因此当时的 LHC 数据并非存在新粒子的证据，而是偶然的“恶作剧”的可能性更大。如果在拉斯维加斯的赌场里出现骰子的点数连续五次为一的时候，你有勇气喊出“那个骰子有问题”，并找庄家索赔吗？如果是我，不特别确信的话是不敢这么干的，因为我不想被打残后拖出赌场。

基本粒子物理学也不承认这种程度的概率为“发现”。从十年前起就形成了统计涨落发生概率为 370 次中出现 1 次以下的现象只能说是“观察到”（observation）的惯例。能够称为“发现”（discovery）的只有那些 174 万次中“偶然”出现 1 次以下的现象。实际上，过去曾经公布过 370 次中出现 1 次的现象就是“发现”，但是也存在很多通过追加验证予以否定的实例。因此，两本基本粒子物理学领域的权威杂志《物理评论快报》和《物理快报》严格设定了“发现”的标准。

基本粒子实验中的“发现”标准也可以说是由偏差值决定的。

说起偏差值，这是一个考生非常在意的数字。因为在模拟考试中考试成绩的平均及偏差各不相同，所以为了以同一基准进行比较引入了偏差值。如果偏差值为 50，那么正好是平均分。大概 6 人中有 1 人的偏差值为 60 以上，44 人中有 1 人的偏差值在 70 以上，偏差值越大人数越少。也就是说，如果有 44 人参加考试，那么偏差值在 70 以上的大概仅有 1 人。

在基本粒子实验中“370 次出现 1 次”的现象只能说是“观察到”，换成偏差值就是 80 以上或 20 以下。也就是与平均分相差 30 以上的偏差值。另外，可以宣称“发现”的“174万次出现1次”相当于偏差值在100以上或0以下。也就是与平均分相差50以上的偏差值。你可能从来没有听说过偏差值大于100或为负值的情况，然而在基本粒子实验中只要不发生如此罕见的现象就不能称之为“发现”。

因为要进行如此精密的分析，所以处理数据同样需要慎重。为了防止主观臆断，庞大的实验团队中仅限一部分人了解数据解析的全貌。此外，应该以怎样的形式公布实验结果，要征得团队内多数研究者的同意。因此，即使到了7月4日公布的两周前，连CERN的主任都不是很清楚如何发表。

分成ATLAS与CMS两个实验团队的理由之一，也是为了增加独立验证的客观性。例如，在正式公布之前，这两个团队是不共享数据的。

不过，物理学家也是人，人嘴是封不住的。当我向CMS团队的研究者问道：“你们两个团队之间从来不说有关实验的话吗？”我得到的回复是：“其实我女朋友是ATLAS团队的研究者，我们之间的秘密……”

最终，ATLAS和CMS两个实验团队确认了偏差值与平均值相差50的现象。当把实验数据描绘到图表的时候，因为用加粗竖线表示了偏差值从40到60的范围，所以刚才图表中bump的高度大约为竖线的五倍（因为精度过高，所以用图表示几乎看不见竖线）。得知这一实验结果之后，CERN的主任洛夫·霍耶尔宣布发现了新粒子，挤满会场的人们以及守在网络直播跟前的我们都送上了震耳欲聋的掌声。

8. 新粒子真的是希格斯玻色子吗？

那么，被发现的新粒子真的是希格斯玻色子吗？

首先，衰变成两个光子的现象表明该粒子是玻色子。因为如果该粒子是费米子，那么衰变释放出的应该是奇数个费米子，玻色子衰变释放出的才是偶数个（包括0个在内）费米子。

此外，新粒子衰变成两个光子的比例与标准模型预测的曲线完全吻合（图7-5），这是表明新粒子为希格斯玻色子的有力证据。

希格斯场的重要作用是让W玻色子和Z玻色子拥有质量。因此，希格斯玻色子衰变所释放的不光是两个光子，还有两个W玻色子和两个Z玻色子。要想验证希格斯场是由弱力的对称性自发破缺引起的，就必须观测出这样的衰变现象。2011年12月CERN公布存在新粒子的“征兆”时，没有确认释放出W玻色子和Z玻色子的衰变。不过，之后半年间的实验确认了这一衰变现象，因此2012年7月4日CERN

公布发现了“被视为希格斯玻色子”的新粒子。

此后，在2012年11月于京都召开的国际会议上，发表的内容不仅包括确认了释放出W玻色子和Z玻色子的衰变，还介绍了这种衰变比例与标准模型预测的数值非常一致的事实。另外，也开始发现希格斯玻色子衰变成 τ 子和底夸克等费米子对的现象。因为希格斯玻色子也会让这些费米子拥有质量，所以确认衰变成费米子对的现象至关重要。或许可以说新粒子为希格斯玻色子的可能性进一步提高了。

标准模型中的夸克、电子和中微子等费米子具有自旋，也就是具有角动量（旋转的单位）。另外，光子、胶子和W玻色子及Z玻色子具有横波和纵波，这就意味着这些基本粒子拥有的自旋是费米子的2倍。然而，希格斯玻色子是自旋为零的基本粒子。具有这种性质的基本粒子唯有希格斯玻色子，因此确认这种性质相当重要。这一验证实验是今后的一大课题。

9. 人类智慧的顶级杰作——标准模型理论

让我们在这里再次思考一下经过这些验证确认这一新粒子为希格

斯玻色子的意义。

根据实验物理学发现的意义，温伯格把实验物理学的发现分成了若干类型。

①任何人都没有预测到的发现。本书中的例子应该是 μ 子的发现，曾经甚至有人抱怨“是谁点了这样的东西”。对于实验物理学家而言，这种发现可能是最有乐趣的。

②与以往被人们接受的理论并不矛盾，且具有理论的可能性，然而由于没有认真地理解和认识它，最终给人带来巨大冲击的发现。要是举一个最近的例子，那么应该是 2011 年获得诺贝尔奖的宇宙加速膨胀。获奖者是来自两个团队的三位科学家，他们分别是萨尔·波尔马特、布莱恩 - 施密特和亚当 - 赖斯。他们通过观测遥远的超新星发现了宇宙的加速膨胀。因为一般物质或能量会在引力的效应下慢慢地减小宇宙的膨胀速度，所以加速膨胀被认为是由未知的东西引起的。由于我们不了解它的真相，因此称之为暗能量，其实以前也有人认为存在这种理论上的可能性，而且与爱因斯坦的广义相对论并不矛盾。实际上，温伯格自己也在该项发现的 10 年前就指出了这种可能性，并估算了它的大小，但是他并没有持续关注到发现它。

③通过实验验证理论预言的发现。泡利预言的中微子就是这类发

现的代表。根据Z玻色子传递的力检测出预想的反应，CERN确定Weinberg-Salam模型的实验等也是这类发现。格拉肖、温伯格和萨拉姆三人因后者获得了诺贝尔物理学奖。

④虽然已经不容置疑，但是因为应该存在而不得不被发现的发现。只要获得该发现，就能进一步深入理解理论的内容。温伯格对此举的例子是为CERN带来首个诺贝尔奖的W及Z玻色子的发现。

⑤最后一类发现是颠覆已经确立为物理学体系中一部分的理论。如果追溯到几世纪前，那么在16—17世纪通过天体观测用日心说取代托勒密的地心说当然也算是一例。不过，温伯格强调道，理论的数学合理性与实验的验证这两个稳健的车轮推动了物理学方法的确立，近100年间不会再出现那样的例子。2011年9月，当公布中微子比光速度快的实验结果时，报纸等媒体中出现了“爱因斯坦的相对论被颠覆了吗”“时光机器将变为现实吗”等煽情的报道。不过很多物理学家对此都持怀疑的态度。我自己也是持怀疑态度，于是在次月出版的《科学》（岩波书店）杂志中，针对该发现做了如下的解释：

物理学的理论具有它能够适用的领域，已经确立的理论在相应领域经过了充分的验证，只要在该领域的范围内就不会改变其中的定律。……

在下定结论之前，首先要逐个精细地检查实验误差等实际问题。

结果，我们发现上述实验结果是由光缆接触不良造成的，2012 年 6 月在京都召开的国际会议上该发现被正式撤销。

希格斯玻色子的发现属于其中的第三种类型，是“通过实验验证理论预言的发现”。由于也存在人工色理论那样的理论，因此无法保证一定存在希格斯玻色子。只要确认这次的新粒子确实为希格斯玻色子，就发现了基本粒子的标准模型所预言的所有基本粒子。

标准模型是由狭义相对论、量子力学、规范场论（杨 – 米尔斯理论）、对称性及其自发破缺等 20 世纪物理学的主要理论通过缜密的组合而确立的理论，或许可以说该理论是人类智慧的顶级杰作之一。如果该理论确实能够解释自然界的构成，那将非常美妙。我想向所有与构筑该理论相关的理论物理学家、致力于验证该理论的实验物理学家以及技术人员，表达衷心的祝贺。

终章

仅占5%

希格斯玻色子的发现完成了基本粒子的标准模型。但这并不意味着对于自然界基本定律的探究就此结束。标准模型仍然遗留着很多课题。我们基本粒子物理学家希望继续研究下去，探索更为根本的理论。像这种科学家在好奇心的驱使下探究的知识对于整个社会有什么作用呢？继续从事这种基础研究工作又有什么意义呢？

1．标准模型的结构类似于多次扩建改造的温泉旅馆

之前的内容已经讲述了基本粒子的标准模型中具有希格斯场及希格斯玻色子的意义和作用。好不容易讲到希格斯玻色子的话题，却相继蹦出各种理论，因此有人可能在探究该粒子的途中迷了路。这或许也是在所难免的。可以说标准模型类似于历经几十年反复扩建改造的温泉旅馆。因此它的构造不是那么容易被识破的。

我的上一本书《引力是什么》详细介绍了广义相对论，该理论基本上由天才科学家爱因斯坦一个人独自完成。它的确具有简明和壮丽之美。为了解决牛顿的引力理论与自己的狭义相对论之间的矛盾，爱因斯坦从提出“时空的性质传递引力”这一令人震惊的构想出发，用

数学方法逐步推导出了所有的答案。该理论给人的印象是“舍我其谁”的力量。

然而，标准模型却由包括40多名诺贝尔奖得主在内的物理学家们通过提出各种想法构建起来的。如同众人拼图一般，每当发现不合逻辑的情况就会有其他理论补上。

而且，该理论没有“非我莫属”的必然性。从理论上考虑，还存在很多其他可能。例如，虽然标准模型解释了“三种力”，但即使存在这三种力以外的力应该也没有关系。另外，“六三三学制”的粒子种类也存在其他可能性。当然，因为实验结果支撑了这种预测，所以肯定了理论的正确性。不过，至于为什么必须这样并没有通过基本原理进行解释。

称之为标准“模型”而不是标准“理论”的理由也在于此。把自然现象转换成数学语言进行解释的方法在物理学中叫作“建模”。主要做法是通过与实验结果比对，从多个理论中选出最为贴切的“模型”。这无疑是近代科学的正统方法，不同于爱因斯坦单凭基本原理就确定整体引力理论的做法。在众多科学家的努力下，把杨－米尔斯“理论”、南部阳一郎“理论”和希格斯场“理论”等各种观点联系起来打造了解释基本粒子现象的“模型”。因为该理论模型并非只能解释某一特定的现象，而是几乎能够诠释至今为止所有的实验结果，所以被称为“标准模型”。

关于给予传递弱力的 W 及 Z 玻色子质量的机制，也存在不利用希格斯场对其进行解释的模型。即便在温伯格等人接受希格斯场理论之后创建了电磁力与弱力的统一模型，也有人提出了与之不同的各种理论模型。不过，之后的实验把它们全部否定了。我们并非最初从理论上认定某个唯一的模型，而是通过实验的验证最终选择了 Weinberg-Salam 模型。

因为标准模型这座理论大厦是随着时间流逝一砖一瓦建起来的，所以没有获得“相对论”和“不确定性原理”那种直白的结论性名字。由于“未带地图的旅人”们是从众多可能中挑选出符合条件的理论摸索前行的，因此只能赋予它这个似乎有些官僚色彩的叫法——“标准模型”。

2. 相对论如同美国金门大桥，而标准模型则像日本新宿车站

面对如此复杂的标准模型，我们无法一眼就看到它的美。当把爱

因斯坦的理论与标准模型进行对比的时候，我感觉它们的不同之处就像美国“金门大桥”与日本“新宿车站”的区别。

金门大桥是出于连接位于旧金山湾的金门海峡两岸这个唯一的目的而建的。爱因斯坦的广义相对论也是为了解释“引力是什么”这个唯一目的而确立的。因此，它们都具有优雅之美。

然而，日本新宿车站的目的并不唯一。每天大概有可以匹敌横滨市总人口的客流量穿梭于这个世界上最大的火车站。他们的目的各不相同，既有经过新宿前往其他地方的人，也有人在新宿工作或上学的人。可能也有在此购物的人，或是以车站为坐标碰头会面的人。为了高效调度这些目的迥异的人们，车站不得不建成复杂的结构，应该无暇顾及其外表之美。而且随着铁路和城市的发展，车站也必须做出相应的调整，因此恐怕新宿车站永远也不会完全竣工。这也是与已经完工的建筑作品金门大桥的不同之处。

标准模型也不是整体统一的理论，该理论解决的是电磁力、强力、弱力、质子和中子的结构等各种复杂的问题。随着实验技术的发展做出相应调整的这一点与新宿车站十分相似。

因此，标准模型并不是一两句话就能简单说明的理论，我认为该理论的内容比广义相对论还要深奥。我在理解该理论的时候，切身感受到了自然的精妙绝伦之处。

此外，标准模型就像新宿车站一样，也是尚未完全竣工。虽然希格斯玻色子的发现使其告一段落，但它仍然被认为是发展中的理论。下面我们一起来看看标准模型尚未解决的问题。

①标准模型解释了电磁力、强力和弱力这三种力的作用方式，却没有包含引力。引力也是自然界中重要的力之一，特别是在理解宇宙的问题上不可或缺。虽然爱因斯坦的广义相对论揭示了引力的作用机制，但是要想将其与基本粒子理论结合起来，还存在很多必须攻克的课题。另外，传递引力的引力子也尚未发现。

②本来标准模型就不知道除了引力之外为何存在三种力（如果把希格斯玻色子传递的“希格斯力”也算上就是四种力）。为什么力不是“一种”或是“八种”呢？此外，也不知夸克“小学”的学制为什么不是两年而是六年。

③标准模型认为夸克的质量取决于“粒子的希格斯荷 × 希格斯场的值”，却没有解释希格斯荷和希格斯场为何取那样的值。像希格斯荷这种并非通过基本原理推导出来的数值叫作理论的参数。标准模型共有 18 个参数，如果中微子也具有质量的话，那么参数的个数将增至 25 个。目前还没有具有说服力的理论能够解释基本粒子的质量有何种参

数。为了解释这些参数的数值，我们需要比标准模型更为根本的理论。

④中微子是否具有质量在很长的一段时间里都是一个谜，直到1998年日本的超级神冈探测器（Super-Kamiokande）发现了它具有质量的事实。但是，标准模型是在中微子没有质量的前提下构建起来的，那么该理论就需要做出相应的变更。科学家们为此做了各种各样的尝试，但目前仍然处于不知哪个是正确的状态。

⑤标准模型包含数学矛盾。我们只要考虑到超出LHC最大输出能量的高能现象，就会发现理论的破绽。应用于极限状况时出现破绽的理论并非只有标准模型一个。我们知道引力增强到极限状况下广义相对论也会出现破绽，要想攻克这一难题需要将其与量子力学结合起来（相应的有力候选理论是我的专业超弦理论）。同样，如果标准模型被哪个更为基本的理论吸收，应该也可以消除其中的数学矛盾。

此外，还有暗能量和暗物质的谜题。关于这一点，我将在下一节阐述。

3. 宇宙的暗能量与暗物质之谜

本来基本粒子物理学就是阐明物质构成的学问。世间万物由什么构成，何种力作用于其中？为了知晓这一问题，我们从未停止观察微观世界的脚步，从最初的原子到原子核，再到质子和中子，直到目前的夸克。这些无疑都是理解“宇宙构成”的努力。

为了理解 137 亿年前宇宙诞生之初的状态，我们需要最新的基本粒子理论。另外，加速器实验的终极目标也是“再现宇宙起源”。了解基本粒子直接关乎我们对宇宙的认知。

但是，随着天体观测技术的发展，宇宙物理学领域发现了以往的理论无法解释的现象。尤为重要的发现是宇宙整体能量的 95% 是未知的。

而且，这些未知能量的来源并不是一个。之前我们将其分为“暗能量”和“暗物质”两类。上一章最后出现的暗能量就是大约从 70 亿年前开始加速宇宙膨胀的神秘能量。虽然我们还完全不清楚它的真相，但是这种暗能量占了整个宇宙的 71%。

暗物质是银河周围那些我们观测不到的物质。只有那里存在用光看不到的神秘粒子，才能符合银河旋转速度等计算的逻辑，可是我们并不了解其真面目。将其质量换算成能量，大约占据了整个宇宙的24%。

顺便介绍一下，有人曾问希格斯玻色子是否为暗物质，我可以十分肯定地说它不是暗物质。因为该粒子在诞生之后随即发生衰变，所以宇宙中不可能存在那么多稳定的希格斯玻色子。

把标准模型所解释的普通物质的质量换算成能量，仅占整个宇宙的5%。也就是说，在浩瀚的宇宙之中，标准模型框架之外的物质大约是普通物质的五倍。即使单从这一点看也很明显，如果没有超越标准模型的理论就无法解释宇宙的构成。

4. 超对称性模型中存在五种希格斯玻色子

当然，我们物理学家不会袖手旁观。已经提出了若干超越标准模型的理论构想。

例如，具有“超对称性”的理论就是其中的一个候选。所谓超对称性是指费米子和玻色子的交换对称性。标准模型认为电子和夸克这种费米子是物质的构成要素，光子和 W 玻色子那种玻色子负责传递作用于其间的力。希格斯玻色子也是玻色子。如此交换性质完全不同的费米子和玻色子可谓一大构想的转换。

当然，由于我们现在的世界中并不存在这种对称性，因此认为它像弱力的对称性那样发生了自发破缺。但是，正如各种各样的加速器实验已经证明了弱力的隐形对称性，如果本来理论中具有超对称性，只是发生了自发破缺，那么通过高能量应该也能找到相应的证据。此外，说不定具有超对称性的理论可以解释暗物质。

顺便介绍一下，标准模型中只有一种希格斯玻色子，而具有超对称性的模型中出现了至少五种希格斯玻色子。因此，如果这种模型准确无误的话，那么不知 2012 年发现的“希格斯玻色子”是其中的哪种。

在找到希格斯玻色子之前，基本粒子实验所确认的粒子只包括电子和夸克等构成物质的费米子，以及光子、W 玻色子、Z 玻色子等具有横波和纵波的玻色子。希格斯玻色子是一种与上述二者皆不相同的新型玻色子。既然已经发现了这种粒子，那么即使只有一种也是着实令人感到不可思议的。我认为希格斯玻色子是新种族粒子的先驱代表，今后会不断涌现出类似的粒子，到那时即使有人抱怨“是谁点了这样的东西”也不再稀奇了。

因为存在这种可能性，所以我们需要慎重地验证这一新粒子是否为“标准模型的希格斯玻色子”。

完成该项验证，确定标准模型的基本粒子全部集齐之后，下一个宏伟目标可能就是通过加速器实验探索超越标准模型的现象。为此需要进一步提高加速器的能量。CERN 的 LHC 将于 2013 年年初结束长期的停用，重新启动实验时会使用最大能量 14 万亿电子伏特（14 TeV）。使用此前两倍的能量对撞质子，或许能够发现暗物质的候选新粒子。

此外，LHC 之后的加速器实验计划已经出台。例如在 LHC 的隧道内进行正负电子对撞机 LEP 的升级实验计划便是其中之一。曾经主张质子和反质子对撞实验的卡罗·鲁比亚指出，如果在 LHC 的隧道内使用比电子质量还要重的 μ 子，就能将其改造成性能更高的加速器。此外，能够在短距离内高效加速粒子的 CLIC（紧凑型直线对撞机）新技术也即将被开发出来。更具野心的计划或许是 ILC（国际直线对撞机）。日本也是该项计划执行地点的有力候选。

基本粒子物理学的实验并非只用加速器。例如，东京大学的 Kavli IPMU 参与了根据双 β 衰变现象解释中微子质量之谜的 KamLAND 实验（前言已经介绍过，这个实验设施用于观测来自地心的中微子）和旨在直接检测暗物质的XMASS实验。这两个实验全都是在岐埠县神冈町的神冈矿山下进行的。另外，Kavli IPMU与日本国家天文台共同探索暗物质和暗能量历史的SuMIRE计划也已经启动了。

这些实验肯定会在今后的十年内呈现出更多的事实。理论应该也会随之进一步发展。弄清决定标准模型参数的基本原理也是我自身的研究项目。

5. 一直被人抱怨“毫无用处”的科学家们

不过，实验的规模也是相当巨大的，因此探究这种真理需要花费大量的资金。于是应该为此投入多少公款便成具有争议的话题。当发现希格斯玻色子的新闻传播开来的时候，我听到很多普通民众发出了“这有什么用呢?”的声音。我认为口出此言的人并非全是出于单纯的疑问。有不少人的疑问是为什么将税款用于“没用的东西”。

科学的发现基本都源于纯粹的好奇心。科学家在思考有什么用之前就已经投入了知晓自然真相的研究之中。

不过，很多事实也表明其结果往往会呈现出意想不到的应用。我们加州理工学院的校长让·洛·钱缪最近进行过这样的演讲。

虽然无法预测科学的研究能够给我们带来什么，但是真正的创新确实产生于人们能够自由自在地专注于追梦的环境……支持那些探求看似毫无用处的知识的人们及其好奇心，是我国的利益之所在，我们必须鼓励培育这样的人才。

那么，从长远来看为何有很多基础科学的研究都对人类大有裨益呢？我想关键在于基础科学的普遍性。1900 年前后在数学界发挥指导性作用的亨利·庞加莱在其名著《科学与方法》中曾写下表示此意的话。

所谓有价值的科学是指发现普遍的定律。普遍的科学之所以具有价值，是因为它关系到了更多科学的发展。

实际上，姑且不论获取该发现之人的最初动机是什么，具有普遍价值的发现往往会关联到与其完全不同领域的科学。因此它可能会很自然地在将来表现出实用的一面。

例如，19世纪迈克尔·法拉第发现了电磁感应，当时的财政大臣威廉·格莱斯顿问他这个发现对于电力有什么实用价值时，法拉第是这么回答的："虽然现在不知有何用处，但是你将来肯定要为之纳税"。

法拉第的发现表明电力与磁力之间存在密切的关系。麦克斯韦拓展了法拉第的想法，将这两种力的关系概括成了一个方程式，并预言了电磁波。伽利尔摩·马可尼使用电磁波，实现了横贯大西洋的无线通信，马可尼的壮举回应了半个世纪前格莱斯顿曾向法拉第提出"有何实用价值"的问题。不知有何用处、仅仅出于好奇心的发现，孕育了当今信息社会的基础技术。

我们也无法立刻知晓希格斯玻色子的发现对于人们的生活有何用处。但是，19世纪电子被发现的时候，人们也称"这种发现毫无用处"。尽管如此，现今我们的生活已经离不开使用电子的技术了。

如果19世纪的科学家们只致力于"立马有用的研究"，那么几乎所有研究者都会集中研究蒸汽机的改良，电磁的研究可能不会有任何进展。恐怕也不会发现量子力学。而量子力学与电磁学一样，也是现代科技的支柱。正因为存在那些出于好奇心的科学家们试图获取具有普遍价值的发现，我们现在所享受的科技才发展到了今天的地步。

6. 技术革新的目的并非战争而是和平

从古代至近代，战争都是科技发展的一个动力。例如古希腊的科学家阿基米德，据说他作为叙拉古国王海维隆二世的军事顾问，发明了很多作战武器，其中包括聚集太阳光燃烧敌船之帆的光学兵器、使用起重机操作巨大钩子吊起敌船的破坏武器、用于军舰排水的螺旋桨等。

从 15 世纪到 16 世纪，恺撒·博尔吉亚等人的军事工程师达·芬奇研究出了机枪、战车和潜水工具等作战装备。另外，100 年后伽利略·伽利雷发明了望远镜并称之具有“国防之用”，将其奉送给了威尼斯共和国的总督当纳。因此伽利略成为了帕多瓦大学的终身教授，并享有养老福利。

从航空技术、雷达、火箭、电子计算机、原子能到互联网和汽车导航系统等装置所使用的 GPS，20 世纪的科学技术也有很多与军事密切相关。

因为战争促使科技的发展是测试技术极限的动机。但是，原子弹和氢弹的发明远远超越了以上所有的军事技术开发，给人类带来了无法承受的灾难。当然，任何地方都不能保证制止其发展。不过，可以肯定的是，我们希望通过测试技术极限来使科学技术进步的目的不是战争而是和平。

伽利略在圣马可广场的钟楼上为威尼斯共和国的总督和议员介绍望远镜的威力

例如将人类送上月球的阿波罗计划便是一个典型的例子。开发阿波罗宇宙飞船搭载的计算机主要是为了促进集成电路的发展，另外燃料电池的应用及开发由计算机控制的机床都是阿波罗计划的巨大动机。

本书的主题基本粒子物理学也为我们带来了技术革新。狄拉克通过结合狭义相对论和量子力学推导出的方程式预言，安德森在宇宙射线中发现的正电子，已经被应用到了医疗的断层摄影。加速器的技术与治疗癌症的新方法密切相关。此外，加速粒子时产生的放射光虽然因为掠夺能量而被视为实验的障碍，但是最近在解释物质的结构及设备开发等方面具有广泛的应用。

为了开发实验设备而发展技术的事例也并不罕见。

由加州理工学院和麻省理工学院共同开展的引力波观测实验（LIGO），配备了两条长达 3 千米垂直相交的真空隧道，相关工作人员试图通过其中发射的激光束的干涉效应来观测引力波①。只要有引力波通过，反射激光束的镜子位置就会发生仅为原子核直径的 $1/10^5$ 的偏离。为了观测引力波而开发出的精密技术给量子光学和量子信息的领域带来了深远的影响。例如，2012 年由维也纳理工大学的实验团队所验证的“小泽不等式”（与量子力学的不确定性原理相关的公式）也是

① 引力波已经于 2015 年 9 月 14 日北京时间 17 时 50 分 45 秒，由 LIGO 两个引力波探测器直接探测到。此次引力波信号来自于双黑洞系统的合并。消息于 2016 年 2 月 11 日正式发布，引力波的直接探测验证了爱因斯坦引力理论的最后一项预言，为人类的宇宙观测开辟了新纪元。——编者注

从 LIGO 实验的精度极限相关的理论中发现的。

2012 年的夏天，爆炸性新闻除了发现希格斯玻色子（被视为希格斯玻色子的新粒子）之外，还有 NASA 的“好奇号”火星探测器着陆火星表面。该项目也涉及了非常尖端的技术。由于上次的火星探测器体型较小，所以整体被安全气囊包裹，着陆火星时就像在地面上跳跃。然而，这次探测器的大小和一辆汽车差不多，因此不能继续使用上一次的方法。本次采用的是反冲推进和绳索悬吊相结合的着陆方式，NASA 曾公开表示这是“史上最高难度的冒险工作”。这些 NASA 的探测器都是由加州理工学院的 JPL 部门（喷气推进实验室）一手包办的。作为同一所大学的一员，我为本次成功感到非常骄傲。

7. 科学所带来的惊喜与文学、音乐、美术是等价的

从这些以和平为目的的项目中开发出来的众多新技术在我们日常生活中也发挥着重要作用，这真是相当有意义啊！

顺便介绍一下，LHC 的建造费用约为 4000 亿日元。该费用由欧洲的 20 个加盟国和日美等非加盟国共同分担。虽然日本所分担的金额仅

占整体的3%有余，但是日本是欧洲之外率先做出筹资决定的国家，因此在国际社会上享有为之作出巨大贡献的赞誉。

日本的筹资协会也向日本企业打开了投标的大门，根据所谓的“fair return”让其得到与支出金额相当的订单额。古河电气工业开发了可以称为加速器大动脉的超导电缆；钟化（Kaneka）在电缆的绝缘工作上，选取了在任何恶劣环境下都能正常使用的新材料；东芝制造了收敛质子束的超导磁铁；新日本制铁和JFE钢铁提供了打造超导磁铁的特殊钢材；IHI建造了维持超导状态的低温冷却装置。滨松光子学、东芝、林荣精机、可乐丽（Kuraray）、川崎重工业和藤仓（FUJIKURA）等企业在建造构成巨大ATLAS检测器的各种检测器的过程中发挥了重要的作用。古河电气工业和IHI获得了CERN授予的“黄金强子奖”（Golden Hadron），LHC项目负责人埃文斯在称赞日本企业的时候曾说：“没有日本的技术就无法建成LHC”。

至于LHC的建造费用，每个人可能各持己见，有人会认为4000亿日元“多”，也有人觉得这笔资金“少”。相比之下，美国建造一艘最先进的航空母舰的耗资为1万亿日元，是LHC的2.5倍。2012年举办伦敦奥运会的预算为1.2万亿日元，是LHC的3倍。另外，布朗大学的调查显示，自2001年9月11日伊拉克和阿富汗发生武装冲突以来，到 2011 年为止美国政府在这 10 年里已经投入了大约 300 万亿日元。如果按天计算的话，那么这些钱相当于每隔五天就能建造一台 LHC。

发现希格斯玻色子的 CERN 在基础科学的研究方面也为尖端技术的开发作出了巨大的贡献。例如 WWW（万维网）就是 CERN 发明的。这项技术的诞生解决了以空前规模进行共同研究时信息共享的难题，CERN 并没有申请专利，而是将其分享给了世界所有人。如果当时 CERN 获得了专利权，那么收益应该能够支撑好几个 LHC 这种级别的实验。不过幸亏 CERN 没有这么做，我们才能通过浏览器自由访问互联网上的信息。这一发明所带来的经济效应是不可估量的。

此外，之前已经介绍过，为了使用 LHC 把质子加速至接近光速，制造出了巨大的超导磁铁。该项技术也被应用到了医疗和工业上。为了处理质子在一秒内对撞 10 亿次的数据，需要前所未有的计算能力。最尖端的基础科学通过这种技术极限的挑战，促成了技术革新的契机。

如今我们触手可及的东西基本上都源自科学成果的开发和改良。为了使其进一步优化，我们绝对不能忽视基础研究。如果轻视“乍看毫无用处的研究”，社会的革新恐怕只会“骨瘦如柴”。

当然，基础研究的价值并非仅有“意外应用”这一面。

尚不知晓任何用处的希格斯玻色子的发现，填满了我们的好奇心，让我们领教了科学的魅力。正如本书介绍的那样，物理学家们绞尽脑汁几经周折想出的希格斯玻色子终于被发现了。这项发现在人类历史的长河中都可称之为最令人感动的智慧冒险之一。

CERN最初是由第二次世界大战导致分裂的欧洲诸国为了开展共同的科学研究而组建的。如今有超过80个国家的科学家们在那里并肩作战。如果前往自助餐厅，我们会发现来自以色列、伊朗和巴勒斯坦这些关系紧张的国家和地区的科学家齐聚一堂，谈笑风生，而且这样的场景并不罕见。

现代文明社会确实存在各种各样的问题。战争或纠纷也不会消失。但是，基本粒子的标准模型是由很多国家的科学家朝着发现自然界基本定律这一共同目标通力合作完成的。我认为这是现代文明所孕育出的最好成果。

这种科学成果带来的惊喜，与文学、音乐和美术是等价的。探索自然界奥秘的科学给存在于这个宇宙的我们提供了深入思考自身存在的契机。我想这才是科学所带来的惊喜，也是我们应该珍视的价值。

后　记

史蒂文·温伯格使用希格斯场的理论成功统一了弱力和电磁力，并只差一步就完成标准模型，他在其名著《宇宙最初三分钟》的最后写下了这样的话：

> 宇宙看起来越能理解，它也就显得越没有意义。

我们人类自古至今都在短暂有限的时间内试图找出生存的意义。但是，始于伽利略和牛顿的过去 400 年的科学发展表明，用数学表达的自然定律统治着我们所了解的宇宙。在按照这一定律脚本推进的宇宙剧情中，人类是偶然出现在小星星之上的角色，并未被赋予什么特殊的使命。温伯格的结论是无法在宇宙中找到真正的意义。

对于生命有限的人类而言，这种冷静而透彻的自然观或许可以说是悲观的。不过，与莎士比亚笔下的悲剧主人公不同，我们没有事先写好的剧本。如果宇宙本身没有意义，那么我们可以根据其生存方式积极地找到意义。

根据科学的方法探寻自然界的结构，了解我们在宇宙中存在的意义，能让我们的人生变得丰富多彩。我在研究自己专业基本粒子理论的过程中，也遇到过在计算的重重困局中突然眼前一亮的情况。我想可能所有研究者都有过这样的经历，在离开研究室回家的路上仰望星空的时候，一想到全世界只有自己知道答案就会无比激动。我认为意义就在于此。

虽然阿尔伯特·爱因斯坦并不是传统意义上的宗教信徒，但是他坚信自然中存在应该能被发现的合理定律，并将探究这一定律视为自己的人生目标。而且他认为这种定律是人类智慧所及的，所以留下了这样的名言：

上帝是不可捉摸的，但并无恶意。

当被问及这句话的意思时，爱因斯坦回答说："自然之所以隐藏它的秘密，并不是出于计谋，而是为了凸显其本质的尊贵。"

弱力的对称性被不可捉摸的上帝隐藏了起来，本书的主题就是物理学家们历尽千辛万苦、绞尽脑汁揭示这一优美对称性的历史。另外，实验验证的最后一步为我们发现了希格斯玻色子，我想这体现了上帝并无恶意，自然中存在合理的定律。

希格斯玻色子的发现不仅仅源自科学家和技术人员的努力，包括日本在内，参与支持 LHC 实验的各国也都功不可没。日本的普通民众也通过推选的代表认可了这项基础研究的意义，通过分担实验费用的方式，参与了利用科学的方法发现最深奥的自然真相这一宏伟的智慧冒险。这条新闻占据了报纸的一个版面，在社会上引起了强烈的反响。分享发现喜悦的感觉非常美妙。但是，当我读到本应传达该项科学成果的讲解报道时倍感遗憾，我认为关于希格斯玻色子的解释中不应出现“糖稀”这种比喻。因为这与我们物理学家所了解的希格斯玻色子完全不同。我认为应该更加严谨地解释该粒子，这就是我撰写本书的动机。我在执笔之际常常把对读者的敬意放在心上。我相信，只要做出竭尽全力的解释就应该能让读者读懂。

本书从“什么是质量”和“什么是力”这类基础的问题讲起，讲解了包括 40 多名诺贝尔奖得主在内的诸多物理学家经过几代人的努力构建起来的基本粒子标准模型之全貌，并试图让读者理解发现希格斯玻色子的真正意义。因此，我对本书的整体结构调整过多次，在贴切的比喻上也费了不少心思。继上一部作品《引力是什么》之后，本书的编辑工作再次得到了冈田仁志的协助，我要在此对他表示感谢。在我认为重要的内容部分我做了细致入微的解释说明，这导致原稿逐渐变得过于冗长，幻冬舍的新书主编小木田顺子发现这个问题后拿起“手术刀”对本书做了精妙的编辑，使本书收缩成了一本文库本新书的篇幅。

由于基本粒子的标准模型涉及很多方面的问题，为了保证准确无误我请教了各个领域的专家。特别是在加州理工学院致力于标准模型的扩展和揭示暗物质等研究工作的石渡弘治，他看完本书的原稿后提出了非常宝贵的意见，我要在此对他表示衷心的感谢。当然，至于本书的内容，我是要负全责的。

我还要感谢文科出身的妻子，她作为外行的代表阅读了我的原稿。她在读后感慨道：“所谓用数学的力量探究自然的奥秘就是这个意思吧。”在银婚来临之际，我妻子终于明白了这层含义。

虽然标准模型已经完成，但是对于自然基本定律的探究仍在路上。我们仅仅了解宇宙的 5%。剩余的 95% 也应存在应该被发现的合理定律。揭示不可捉摸的上帝所隐藏起来的自然之美的旅程又开始了。